东农 303

费乌瑞它

马铃薯品种掠影（1）

大西洋

夏波蒂

马铃薯品种掠影（2）

整地

播种

铺膜开沟

马铃薯播种作业机械化

杀秧

收获

马铃薯收获机械化

马铃薯高效栽培与加工技术

魏章焕　张　庆　主编

中国农业科学技术出版社

图书在版编目(CIP)数据

马铃薯高效栽培与加工技术 / 魏章焕，张庆主编. —北京：中国农业科学技术出版社，2015.7

ISBN 978 - 7 - 5116 - 2141 - 2

Ⅰ.①马…　Ⅱ.①魏…②张…　Ⅲ.①马铃薯 - 栽培 - 技术②马铃薯 - 食品加工　Ⅳ.①S532②TS215

中国版本图书馆 CIP 数据核字(2015)第 127007 号

责任编辑　崔改泵
责任校对　贾海霞

出 版 者　中国农业科学技术出版社
北京市海淀区中关村南大街 12 号　邮编：100081
电　　话　(010)82109194(编辑室)　(010)82109702(发行部)
(010)82106629(读者服务部)
传　　真　(010)82106650
网　　址　http://www.castp.cn
经 销 者　各地新华书店
印 刷 者　北京华正印刷有限公司
开　　本　889mm×1194mm　1/32
印　　张　7.875　　彩插　4 面
字　　数　209 千字
版　　次　2015 年 7 月第 1 版　2015 年10月第 2 次印刷
定　　价　35.00 元

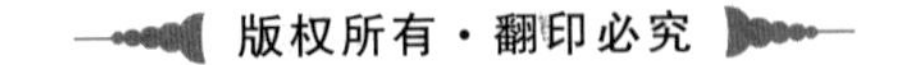

《马铃薯高效栽培与加工技术》

编　委　会

主　编　魏章焕　张　庆

编著者　（按姓氏笔画排序）

王　芳　王旭伟　叶培根　安学君

张　庆　陈武健　金伟兴　胡远党

鲍丙章　魏章焕

前　言

大力发展马铃薯产业，是确保国家粮食安全的战略举措，也是促进农业“双增”的迫切需要和满足市场消费的现实选择。不久前，中国农业科学院、国家食物与营养咨询委员会、中国种子协会举办了马铃薯主粮化发展战略研讨会。会议提出了马铃薯的主粮化战略，建议将马铃薯列为主粮之一，用马铃薯加工成适合国民消费习惯的馒头、面条、薯粉等主食产品，实现马铃薯的“三大转变”，即由目前马铃薯作为副食消费向主食消费转变、由原料产品向产业化系列制成品转变、由温饱消费向营养健康消费转变，作为我国三大主粮的补充，逐渐成为第四大主粮作物。与会媒体报道称：今后5年，马铃薯种植面积将逐步扩大到1.5亿亩，预计到2020年，我国50％以上的马铃薯将作为主粮消费。

马铃薯富含多种维生素、蛋白质和膳食纤维，脂肪含量低，是营养丰富的健康保健食物。目前，我国马铃薯种植面积、总产量均为全球之首，但产量仅全球平均产量的81.5％；人均消费量31kg，仅为世界平均水平的1/2，远低于发达国家人均75kg的水平。随着经济社会快速发展和居民消费习惯逐步改变，人们更加重视营养保健和健康消费。既是粮食作物，又能作为蔬菜的马铃薯，其需求将进入一个快速增长期。扩大种植面积，提高单产，开发深加工，是今后一段时期马铃薯产业发展的主导方向。

浙江省属经济相对发达地区，人多地少，耕地有限，且多丘陵山地，大力发展马铃薯，具备十分有利的条件。宁波市更是得天独厚，作为浙江省马铃薯主产区的宁海县，素有马铃薯种植和消费的习惯，常年种植面积一直稳定在4万亩以上，面积与产量多年均居全省之首，特别是入世以来，宁波市大力实施相关项目，进行一系列试验与研究，总结技术经验。试验与研究期间，由宁海县农业技术推广总站魏章焕牵头，执笔起草了马铃薯生产技术规程，并经宁波市质量技术监督局批准，认定为宁波市地方标准。

本着总结经验，便于农民技术培训和同行学术交流的目的，我们挤出时间，搜集资料，在自身实践基础上，编著了《马铃薯高效栽培与加工技术》一书，期望通过其出版发行，能对进一步促进马铃薯产业的健康发展起到抛砖引玉的作用，有所借益。

本书分九章，概述了马铃薯的起源与传播、马铃薯的营养与保健价值、发展马铃薯产业的意义；论述了马铃薯的生物学特性；详细介绍了马铃薯的品种类型与优良品种、马铃薯高效栽培技术、马铃薯高效种植模式及其技术要点、马铃薯种薯生产技术；阐述了马铃薯的机械化作业、马铃薯病虫草害防治；同时对向主粮化推进的马铃薯深加工与贮藏技术作了深入的介绍。

在本书编写过程中，得到宁波市有关领导的支持和有关农业企业的协助，同时也参考了各地的一些成功经验和相关论文资料，在此，谨向对本书编写给予支持与协助，以及相关文献资料的作者，一并表示衷心的感谢。

由于编著人员水平有限，编写时间紧张，书中定有许多不当或差错之处，敬请同行与广大读者给予谅解并予以指正。

编　者

2015年5月16日

目　　录

第一章 概　述

第一节 马铃薯的起源与传播

一、马铃薯的起源

马铃薯，又名土豆（东北）、地蛋（山东）、洋芋（浙江宁波）、洋山芋（贵州）、番鬼薯（广西）、山药（华北）、薯仔（香港、广州）、地豆（意大利）、地苹果（法国）、地梨（德国）、爱尔兰豆薯（美国）、荷兰薯（俄国）。学名 *Solanum tuberosum*，属茄科，多年生草本植物，其块茎可供食用，是全球仅次于小麦、玉米、水稻最重要的粮食作物之一。

南美洲是马铃薯的故乡，考古学家在秘鲁和智利沿安第斯山麓星罗棋布的古代遗址中，发掘出众多马铃薯古代标本，特别是古代人在织物和陶器上艺术地表现千姿百态的马铃薯图像，保留下来多种类型不同文化时期的工艺制品，表明马铃薯在首次见诸于考古文物记载之前就已经处于进化发展之中（图 1－1）。可以确认，在新石器时代或更早时期，马铃薯已经在秘鲁沿海河谷流域的绿洲中种植，其栽植地区北到安卡什省的卡斯玛流域，南及伊卡省南部的沿海城市皮斯科之间的广大地区。2005 年 10 月 3 日，美国农业部专家利用 DNA 技术，证明世界上种

图 1－1　马铃薯的故乡——安第斯山麓

植的马铃薯品种，都可以追溯到秘鲁南部的一种野生祖先。这一研究是由美国农业部的植物分类学家大卫·斯普纳等人负责的，研究成果发表在 2005 年 10 月美国《全国科学院学报》上。

斯普纳等人用 DNA 标记法分析了 261 个野生马铃薯品种和 98 个种植马铃薯品种。结果发现，所有种植品种都可以追溯到秘鲁南部的一个野生品种。斯普纳推测，大约 7 000年前，秘鲁南部的一些农夫率先把野生马铃薯品种驯化，使其成为最早的种植马铃薯。此后，人们将这种马铃薯与一些接近的野生植物杂交，使马铃薯家族发展出多样的品种。

最古老的马铃薯遗体化石是从海拔 2 800m 的安卡什省高原奇尔卡(chilca)峡谷洞穴中发现的，^{14}C 测定距今约为 10 000年(图 1－2)。表明人类在更新世冰河末期就已经开始驯化马铃薯了。从气候学和地质学分析，在奇尔卡峡谷开始种植马铃薯的前夕，北美和北欧大片土地还为巨大的冰层所覆盖，而在南美洲的中部和南部，其中包括安第斯高原，则受冰川影响较小，冰层沿秘鲁的山脉向南延伸，直到海拔 3 000m以上的高处。现在秘鲁高原的大部分马铃薯种植区，在更新世冰河结束期(公元前 8000—公元前 6000 年)是不能种马铃薯的，那时这一地区或覆盖厚厚冰雪，或处于正在逐渐融化和裸露陆地的过程；而在沿海或中西部山地，很可能整片大地已为草原覆盖，其间点缀绿茵丛林，并已适宜人类居住。早期的印第安人逐渐向这里迁徙并以采集野生马铃薯为食。今天在秘鲁沿海湿润河谷流域的广大地区仍然可以发现这类马铃薯的野生种。

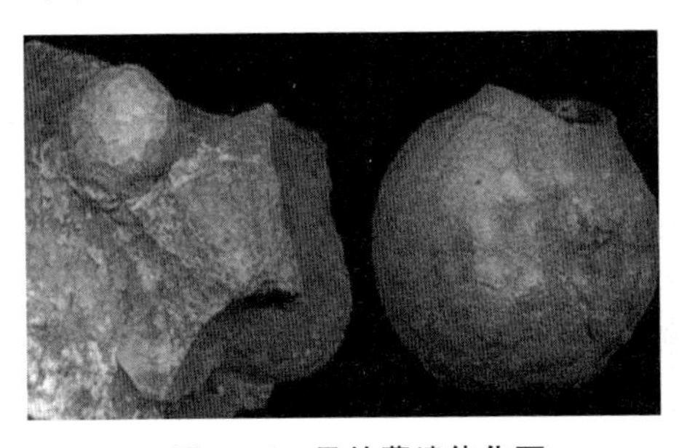

图 1－2　马铃薯遗体化石

(引自山东马铃薯协会网站)

1536 年，继哥伦布接踵到达新大陆的西班牙探险队员卡斯特亚诺(Juan de Castellanos),在秘鲁的苏格科达村附近最先发现了马铃薯。在他编撰的《格兰那达新王国史》一书中记述:我们刚刚到达村里,所有人都逃跑了。我们看到印第安人种植的玉米、豆子和一种奇怪的植物,它开放紫色的花,根部结球,含有很多淀粉,味道很好,甚至也是我们西班牙人很喜欢吃的蔬菜。这种块茎有很多用途,印第安人把生薯切片敷在断骨上疗伤,擦额治疗头痛,外出时随身携带预防风温病;或者和其他食物一起食用预防消化不良;印第安人还把马铃薯作为馈赠礼品。从这段记述可以推断印第安人栽培马铃薯有悠久的历史。遗憾的是,卡斯特亚诺关于马铃薯的最早发现,直至350年后的1886年才正式公诸于世。

后人通过一系列考证,也证实了马铃薯栽培历史确实十分悠久。例如:考古学家在南美洲沿安第斯山麓古墓里,发掘出远古印第安人贮藏的称为朱糯(chuno)或土达(Tunta)的薯干,它是一种干制的马铃薯,呈黑色或白色,据^{14}C测定距今已有900年的历史。

马铃薯引进欧洲有两条路线:一路是1551年西班牙人瓦尔德维把马铃薯块茎带至西班牙,并向国王卡尔五世报告这种珍奇植物的食用方法;1565年,马铃薯首次在西班牙的加那利群岛人工栽培。1573年,扩展到西班牙本土进行栽培。另一路是1565年英国人哈根从智利把马铃薯带至爱尔兰;1586年英国航海家特莱克从西印度群岛向爱尔兰大量引进种薯,以后遍植英伦三岛。1597年在伦敦种植,并扩展到英苏格兰、威尔士以及北欧诸国,又引种至大不列颠王国所属的殖民地以及北美洲。17世纪后期传入俄国。1621年传入北美洲。17世纪中期西班牙人把马铃薯传入印度和爪哇等地;16世纪末和17世纪初荷兰人将马铃薯传入新加坡、日本和我国台湾。马铃薯最早传入中国大陆的时间是在公元1573—1619年,但其最早传入的途径,目前并无定论。专家推断,大约有3种情形:一是经由丝绸之路传入,在西北地区最先种植;二是由荷兰人从海路引进京津,当时是将其作为珍品奉献;三是荷兰人引种至我国台湾,再传至沿海各省,因此,有的地区称呼马铃薯为荷兰薯、红毛薯。另外，在我国17世纪和18世纪的文献中，以四川、陕西、湖北诸省方志中记载的马铃薯为最多，不排除马铃薯从西南或西北陆路进入中国的可能。至18世纪中叶，我国京津地区已有较广泛栽培。

二、马铃薯在国内外的分布

世界马铃薯的主要生产国有前苏联、波兰、中国、美国。根据联合国粮农组织最新统计，近几十年来，世界马铃薯的面积一直保持在2 000万 hm^2（3亿亩）上下，总产为3.2亿t左右。在全世界所有的粮食作物中，马铃薯的总产量排名第四，仅次于玉米、水稻和小麦。

现在全球种植马铃薯的国家和地区有150多个。主要集中在欧、亚两洲，其中，以中国、俄罗斯、乌克兰、印度四国最多，种植面积占世界种植面积的一半。就单产而言，全世界马铃薯平均单产为16t/hm^2，单产水平最高的国家是荷兰，达到45t/hm^2。其他单产水平较高的国家有美国（约40t/hm^2）、日本（约33t/hm^2）和加拿大（约27t/hm^2）等。

目前，马铃薯种植面积最大的国家是中国，且种植范围十分广泛，分为北方一季作区，中原二季作区、单双季混作区和南方冬作区。其中，西南山区、西北、内蒙古自治区（以下简称内蒙古）和东三省都是马铃薯的主产区。尤以西南山区面积最大，约占全国总面积的1/3。

据调查，2010年，中国马铃薯种植面积与产量分别达到7 808万亩和8 154万t，较前几年大幅增加。其中，全国马铃薯种植面积超过500万亩（15亩＝1hm^2。全书同）的省（区、市）有内蒙古、贵州、甘肃、四川、云南、重庆，总种植面积达5 065万亩，占全国马铃薯种植面积的65%。

全国被命名为“中国马铃薯之乡”的有甘肃定西市和山东滕州市。甘肃定西市马铃薯种植面积目前已达280多万亩，总产量达到400万t，商品量达220万t，总产值达13.69亿元，建成千吨以上的马铃薯加工企业 13 家，年加工淀粉 5.5 亿 kg，销往国内外的商品薯接近 15 亿 kg，定西市已成为全国三大马铃薯主产区之一。山东滕州市是全国面积最大的二季作马铃薯生产县(市)，2000 年 4 月被中国特产之乡推荐委员会命名为“中国马铃薯之乡”，滕州市马铃薯种植面积逐年扩大，全市达到 31 万亩，产量 68 万 t，产值约 8.9 亿元，占种植业产值的 37.4%，种植专业村发展到 258 个，专业收入占家庭总收入的 70%以上。

在宁夏回族自治区，马铃薯是第一大农作物，被列为战略性农业主导产业之一；在山西省，发展马铃薯产业被作为帮助贫困地区农民脱贫致富的主要路子；在贵州省，全省种植面积超过 1 000万亩，总产值达到 110 亿元，其中，威宁自治县种植面积占全省的1/6。此外，黑龙江省讷河市、内蒙古自治区乌兰察布市、陕西省定边县的种植面积都是全国马铃薯的主产区，面积位居全国前列(图 1－3)。

浙江省地处亚热带，是沿海山区省份，有多种农业生态区，马铃薯种植面积约 100 万亩，且产量高，生育期短，适应性强，可在省内许多地区推广种植。但浙江省马铃薯分布和发展很不平衡。以前，主要集中于边远山区，近年来因早熟品种的引入，促进了作物结构优化和耕作制度调整，使种植范围不断扩大，其生产呈现出发展态势，但各地情况差异很大。目前，主要分布于浙中南地区。随着种植品种的不断更新，马铃薯产量与效益也随之不断提升，主要品种的亩产水平一般保持在 1 800～2 500kg，

图 1－3　马铃薯在中国的分布区域示意图

最高产量达 2 610.4kg，经济效益显著。

第二节　马铃薯的营养保健价值和开发前景

一、马铃薯的营养价值

马铃薯营养丰富，实用价值高，除了粮菜兼用外，还可加工成各种产品。据分析，每 100g 鲜马铃薯中含有蛋白质 1.5～2.3g，碳水化合物 17.5～28.0g，脂肪 0.4～0.94g，钙 11～60mg，磷15～68mg，锌 17.4mg，铁 0.4～4.8mg，硫胺素 0.03～0.17mg。马铃薯富含维生素，其中维生素 B_1 0.10mg，维生素 B_2 0.03mg，维生素 C 20～40mg，及其相当多的苷酸。

马铃薯的干物质中淀粉占 75%～80%，主要是支链淀粉，糊化特点良好，易于人体吸收，蛋白质中球蛋白占 2/3，是全价蛋白，含人体必需而又无法合成的 8 种氨基酸，其中，赖氨酸(9.3mg/100g)和色氨酸(3.2mg/100g)含量较高，而这两种正是谷物中的限制氨基酸。它的蛋白质可利用价值为 71%，比谷物高 21%；马铃薯属低脂肪低热量食品(糖类物淀粉，每 100g 鲜马铃薯含热量为 66～113kJ；干马铃薯为 1 344kJ)。它的热量比谷物和豆类均低；它的灰分比谷物高 1～2 倍，钾最多，磷次之。

马铃薯的碳水化合物中可溶性糖主要有葡萄糖、果糖、蔗糖，另外还含少量的有机酸(40mg/100g)。这些营养成分与 16 种蔬菜的平均值比较，蛋白质、脂肪和碳水化合物都远远高于它们，其中，维生素 C 和维生素 A 是其他蔬菜和小麦、大米无法比拟的。马铃薯的营养成分与葡萄、苹果、鸭梨、杏的营养成分的平均值相比较，除了脂肪、粗纤维和维生素 A 低于它们之外，其他成分都远远超过它们，特别是维生素 C 的含量是这 4 种水果的 7 倍。

二、马铃薯的保健价值

马铃薯不但有较高的营养价值，而且还具有一定的医疗保健作用。

1.预防心血管疾病发生

马铃薯能够提供给人体大量的黏体蛋白质,能预防心血管系统的脂肪沉积,保持动脉血管弹性,防止动脉粥样硬化过早发生。

2.润滑健脾

马铃薯可预防肝脏、肾脏中结缔组织的萎缩,保持呼吸道、消化道的滑润;具有和胃、健脾、益气之疗效,可预防治疗十二指肠溃疡、慢性胃炎、习惯性便秘等疾病,并有解毒、消炎的功效。

3.保健抗癌

马铃薯所含的半纤维素成分,能增加肠道的蠕动次数,具有保健抗癌作用。

4.糖尿病康复

马铃薯的淀粉属于碳水化合物,人食用后需经一系列消化过程,才能被分解为葡萄糖进入血液。因此,马铃薯不容易引起血糖异常升高,是糖尿病患者的最佳食品。

5.预防中风

有专家指出,每人每天食用一个马铃薯,能够大大减少中风的机率。

6.减肥佳品

马铃薯所含的脂肪约为大米和面粉的7%,因此,是最佳的减肥食品之一。

此外,马铃薯含有丰富的钾,被称为钾食物中的王牌,具有预防高血压、利尿排尿之功效。同时,对改善气喘病和皮肤炎等过敏体质也具有明显效果。

正因为马铃薯含有丰富的营养及各种保健功能,故无论是发达国家或是发展中国家,对其生产、加工、研究都很重视,马铃薯热在西方国家经久不衰。他们称马铃薯为“地下苹果”、“长寿食品”,人均年消耗量为300kg,美国人讲“每餐只要吃马铃薯和全脂奶粉,就可以得到人体所需的一切营养”。德国专家指出,马铃薯为低热量、高蛋白、多种维生素和矿物质的食品,每天进食150g,即可摄入人体所需的20%的维生素,25%的钾和15%的镁,而不必担心体重增加。许多国家还把马铃薯开发成减肥食品。法国在全球成立了第一家马铃薯减肥健美餐厅,目前,这类餐厅在法国就有70家,意大利、西班牙、加拿大、俄罗斯等国家也先后创建了30多家,使马铃薯的经济效益提高了几十倍。

三、马铃薯的开发前景

马铃薯较高的营养价值和药用价值,使其可加工成各种产品。近年来,国内许多学者都致力于马铃薯的加工技术研究,马铃薯加工领域国内的185项中文专利中,马铃薯薯片或薯条占2%,马铃薯淀粉占9%,马铃薯及其淀粉加工的食品与配料占15%。研究表明,以马铃薯为原料,可加工生产2 000多种产品,广泛用于食品、医药、化工、饲料、纺织、涂料、石油、造纸、铸造等行业(图1-4)。

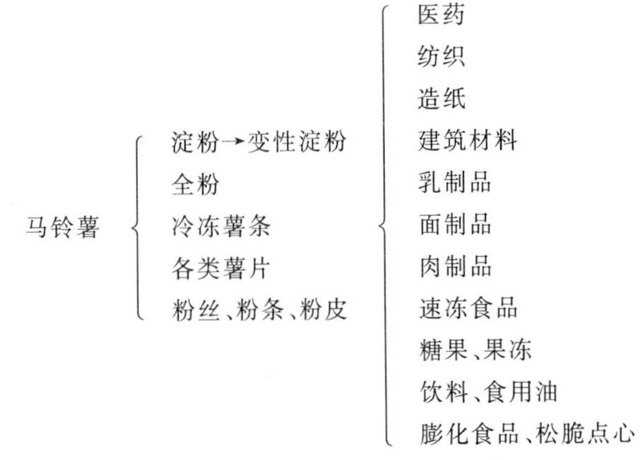

图1-4 马铃薯综合开发的途径

第三节 发展马铃薯产业的意义

从世界范围来看,马铃薯因其高产、耐贫瘠的特性而得到大量种植,现已成为继水稻、小麦、玉米之后的第四大重要粮食作物。其产业发展意义主要有以下四个方面:

一、救荒济民

马铃薯在中国早期重要作用是救荒济民。首先,它能在高寒恶劣环境不适合谷类作物生长的地域种植,是当地人们赖以生存的重要粮食来源。在“方志”中有诸多这样的记载,在粮食贸易不发达的时代,马铃薯在一定程度上解决了高海拔地区人民的生计问题;其次,在社会经济条件恶劣、人口压力剧增的时代,马铃薯营养全、产量高、生长期短等特点,使得它最大限度上缓解了人粮矛盾。马铃薯的这一作用在 20 世纪初到 70 年代时期表现尤为突出。

二、间作套种提高土地利用率

马铃薯特别适合多茬栽培,如马铃薯与玉米套种、与棉花套种、与耐寒速生蔬菜及甘蓝类蔬菜间作,薯粮间作套种、薯瓜间作套种等,可大大提高农田的经济效益(图 1－5)。这一栽培特性十分适合我国农业精耕细作的传统特点,在人多地少的中国,扩种马铃薯对于提高土地利用率有着重要的现实意义。

图 1－5 马铃薯与其他作物间作套作

三、创新农作制度提高经济效益

马铃薯粮菜兼用,它的传入并成为重要作物,改变了我国传统的农作结构,发展丰富了作物种类。尤其在耕地面积减少、人口逐年增加、世界经济日益一体化的今天,农民要谋划致富,把产前、产中、产后有机结合起来,发展精深加工,增加农民收入,抓住比较效益高、加工链条长、附加值大的产业加以优先发展,而马铃薯正是这样一种优质农产品。第一,马铃薯单位面积效益较高。亩产量至少在 1 200kg 以上,按单价 1.6 元/kg 计算,亩产值至少 2 000 元,与水稻效益基本相当。第二,马铃薯是一种高产作物,增产潜力大，一般为 10～15t/hm^2，个别地方产量达到 30t，因此，单产潜力大。但与欧美国家相比差距悬殊，如荷兰等国，在采用良种、高度机械化条件下，产量可达 50～70t/hm^2 左右。如此高产只有马铃薯可以实现。第三，马铃薯是一种优质农产品。单位面积蛋白质含量是小麦的 2 倍、玉米的 1.2 倍、水稻的 1.3 倍，其干物质产量非常高。其营养成分丰富齐全、粮菜兼优，弥补了蔬菜和粮食作物营养中的不足。如粮食作物多不含维生素 C，而马铃薯富含维生素 C，尤其对于北方和高寒山区，冬季便于贮藏，可成为食物中补充维生素 C 的重要来源。第四，马铃薯是一种广适性作物。生育期短，耐干旱，对土地条件和施肥没有太高要求，抗病性强，可与多种作物间作套种，以充分利用太阳光能，提高土地利用率，在田间地头、屋前房后均可种植。

四、实现精深加工提高附加值

通过精深加工，促进效益增值，拉动食品工业、医药工业和其它相关行业发展。马铃薯除食用外，以淀粉为原料开发的深加工产品及其经济效益比销售淀粉要高出几倍到几十倍；由块茎加工成粗制的淀粉要比直接出售块茎增值 30%，加工成粉条增值 70% 以上；粗粉经过二次加工，制成精制淀粉能进一步增值，每吨售价 6 000多元，比粗淀粉增值 1 倍以上。利用马铃薯精制淀粉进行精深加工，其增值比例会更高，10t 马铃薯可生产 1t 乳酸，产值增加 4 倍。12t 马铃薯生产 1t 柠檬酸，产值增加 5 倍，用同样数量的马铃薯生产 1t β-环糊精，产值 5 万元，比出售原料产值高出近 20 倍。另外，马铃薯的深加工还包括发展系列食品（图 1-6）。在欧美等国，马铃薯食品工业非常发达，种类很多。有的是直接加工鲜薯块茎，如炸条、炸片、炸丝等；有的是马铃薯全粉、淀粉或马铃薯泥掺入各种辅料和调味品等制成的，如膨化的各种食品和油炸脆片等。马铃薯全粉可作食品工业的主要原料或辅料，不同于淀粉，它保留了马铃薯块茎的全部营养，用沸水冲拌即可制成新鲜的马铃薯泥，是西餐沙拉的基本原料。全粉适于做糕点馅，做面包适当加入全粉,可保持新鲜度而不发干和掉渣。以马铃薯淀粉为原料,可加工成多种化工产品,如饴糖、高纯麦芽糖、结晶葡萄糖注射液、柠檬酸、维生素C、生物塑料等。马铃薯淀粉为天然高分子化合物,其高分子特性可以改性被广泛应用。

图1-6 发展马铃薯深加工,提高经济效益

经过改性的变性淀粉,主要有氧化淀粉、醋酸淀粉、交联淀粉与接枝共聚淀粉、羟基淀粉与羧基淀粉、直链淀粉与枝链淀粉等,在工业上用途广泛。马铃薯淀粉经微生物分解作用,还可生产出不同用途的塑料薄膜。由此可见,马铃薯精深加工领域宽广、市场前景非常广阔。

第二章　马铃薯的生物学特性及其对环境条件的要求

第一节　马铃薯的植物学形态特征

马铃薯植物学形态特征与其经济性状休戚相关，如早熟品种茎秆一般比较矮小细弱；晚熟品种茎秆比较高大粗壮；分枝多的品种，往往结的薯块小而数目较多；块茎大而周围疏松的品种常易感染疮痂病。只有通过详细调查与观察，充分了解各品种或杂交后代的形态特征与栽培管理的关系，才能为我们正确地进行选种育种提供依据，也才能在生产中有针对性的进行管理，达到高产优质之目的。

一、根系

马铃薯的根系属浅根系，主要根系多分布在30～40cm深的土层内，但最深可达2m。当然，因品种不同，马铃薯的根群分布情况有很大差异，一般是晚熟品种及抗旱品种的根系分布广而深，早熟品种则相反。根系是吸收水分和营养的器官，同时还具有固定植株的作用。

马铃薯的根系因繁殖材料的不同而有区别，用块茎繁殖的植株只有须根（毛根），没有主根；用实生种子（开花结果产生的种子）繁殖的植株则有主、侧根之分。我们一般栽培的马铃薯大多用块茎繁殖，因此只有须根，没有主根。马铃薯的须根又分为两类：一类是靠芽眼处的茎基部紧缩在一起的3～4节所生的根，称为初生根（或芽眼根），初生根的分枝能力很强，是马铃薯的主体根系。另一类是在地下茎的中上部节上长出的不定根，叫匍匐根，专为结薯提供水分和养分(图 2-1)。

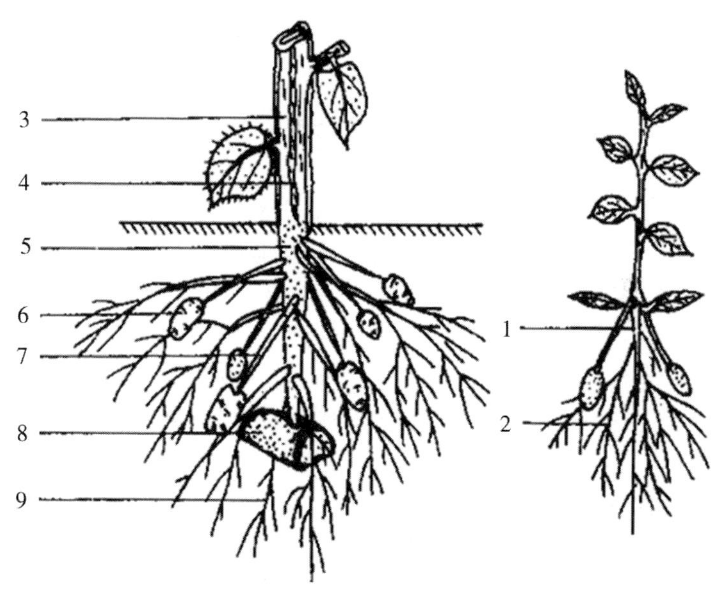

图 2-1　马铃薯的根系和茎

1.主根　2.侧根　3.茎　4.茎翼　5.地下茎　6.块茎　7.匍匐茎　8.母薯块　9.须根
（左：切块繁殖的根系；右：种子繁殖的根系）

马铃薯根系的数量、入土深度和分布因品种而异，并受栽培条件的影响。早熟品种根系生长较弱，入土较浅，在数量和分布范围上都不及晚熟品种。土层深厚、结构良好、水分适宜的土壤，有利于根系生长；通过及时中耕培土、增加土层厚度、增施磷肥等措施，都可促进根系的生长。

二、茎

马铃薯的茎包括地上茎、地下茎、匍匐茎、块茎 4 种。

1. 地上茎

由马铃薯块茎或种子发芽生长后从地面向上的主干和分枝，统

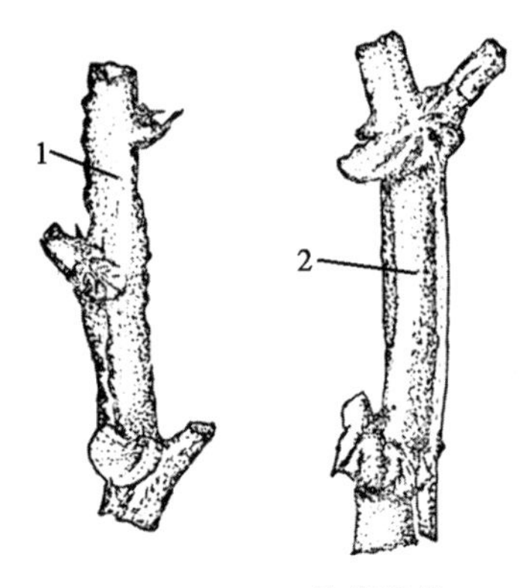

图 2-2　马铃薯的茎

1.波状翅　2.直翅

称为地上茎，地上茎的颜色多为绿色，也有的品种在茎的基部或节间下部或茎大部分呈现紫色、紫红色、褐色等。马铃薯的地上茎一般多为直立状，也有半直立状或匍匐状的。地上茎高度一般为 30～120cm。茎的横断面在节处为圆形，节间部分有 3 棱、4 棱或多棱之分，还具有波状或直形棱翅，称茎翼（图 2-2）。茎具有分枝特性，早熟品种茎秆较细小，节间短，分技少，多由茎的上部产生分枝；中晚熟品种植株高大粗壮，节间长，分枝多，多由茎的基部产生分技。马铃薯茎分枝的多少，与种薯大小密切相关，一般每一植株分枝 4～8 个。茎的再生能力很强，每一茎节都可发生不定根，每节腋芽都能形成新的植株。

地上茎的作用，是支撑植株上的分枝和叶片，更重要的是把根系吸收来的无机营养物质和水分运送到叶片里，再把叶片光合作用制造成的有机营养物质，向下输送到块茎中。

2.地下茎

块茎发芽出苗后形成植株，地表以下的茎为地下茎，地下茎深入土层的部分为白色，靠近地表处稍有绿色或褐色。地下茎节很短，其横断面近圆形。从地表向下至母薯，其断面直茎由粗逐渐变细，地下茎长度因播种深度和生长期培土厚度的不同而不同，一般 10cm 左右。如果播种深度和培土厚度增加，地下茎的长度也随着增加。生育初期，地下茎各节位上均生有鳞状小叶，每个叶腋会发生一个匍匐茎，多时达到 2～3 个。发生匍匐茎前，先会生出 4～6 条匍匐根。

地下茎是水分、养分运输的枢纽，植株生长和块茎膨大，地下茎起着承上启下的作用。

3. 匍匐茎

匍匐茎也称匍匐枝，实际上是地下茎节在土壤中的分枝，由地下茎节上的腋芽发育而成，是形成块茎的器官。一般为白色，少有紫红色。匍匐茎呈水平方向伸长，具有向地性与背光性，入土不深，大部分集中在地表 5～20cm 土层内。匍匐茎长度一般为 3～10cm。匍匐茎茎节上可发生 2 次或 3 次匍匐茎。匍匐茎顶端膨大形成块茎。叶片制造的有机物质通过匍匐茎输送到块茎里，一般匍匐茎越多，结薯也多，但薯块较小。早熟品种当幼苗长到 5～7 片叶时、晚熟品种当幼苗长到 8～10 片叶时，地下茎开始生长匍匐茎。匍匐茎短的结薯集中，过长的则结薯分散。匍匐茎露出地面，会变成地上茎，发出新叶，这就会影响结薯产量。因此，要积极创造条件，保证匍匐茎生长良好，增加结薯数（图 2－3）。

图 2－3　匍匐茎顶端膨大成为块茎

4. 块茎

马铃薯植株生长到一定阶段，地下匍匐茎的顶端开始膨大、变形短缩而形成块茎（图 2－4），因此，块茎实际上就是匍匐茎的变形部位，是经济产品器官，又是繁殖器官。块茎生长初期，其表面每节上都有鳞片状退化小叶。块茎长大后，退化小叶凋萎脱落，残留的叶痕称为芽眉。芽眉里侧向内凹陷成为芽眼，每个块茎上都着生许多芽眼，在块茎上呈

图 2－4　马铃薯块茎

螺旋状排列，顺序与叶序相同。最顶端的为顶芽，具有较强的生长优势。块茎与匍匐茎连接的一端称为脐部，芽眼较少。每个芽眼中有三、五个芽，中间一个称为主芽，两边的称为侧芽或叫副芽。越是靠近块茎顶部，芽眼分布越密。块茎的大小、形状、皮色、肉色、芽眼及脐部的深浅，因品种不同而有差异(图2-5)。其重量一般为50～250g，最大的可达1 500g；其形状有圆形、椭圆形、扁圆形、长圆形和长形的，皮包有白色、黄色、粉色、红色、紫色、斑红色、斑紫色等，有的还带有红晕或紫晕。肉色有白色、黄色等。块茎的表皮还有许多气孔，气孔又称为皮孔，皮孔与外界进行气体的交换、维持块茎正常代谢的作用。

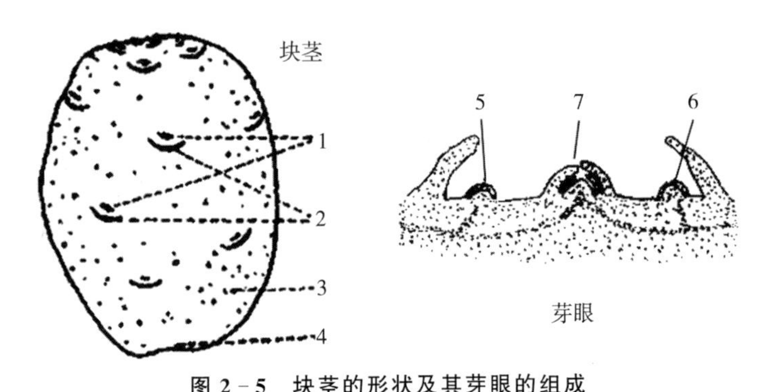

图2-5 块茎的形状及其芽眼的组成

1.芽眼 2.芽眉 3.皮孔 4.脐 5～6.副芽 7.主芽

块茎播种后，首先是主芽萌动发芽，副芽呈潜伏状态，当主芽受到损伤后，副芽代替主芽萌动发芽。芽眼在块茎上呈螺旋式排列，芽眼密集的一端称为顶端(又称头部)。最顶部的一个芽眼较大，里边能长出的芽也较多，叫做顶芽。顶芽萌发后，生得壮，长得旺，这种现象叫顶端优势，其他部位长出的芽长势弱。连接匍匐茎的一端称脐部(又称尾部)，马铃薯块茎的形态断面结构如图2-6。

块茎表面有无数浅色的斑点称为皮孔，通过皮孔与外界进行气体交换，维持块茎正常的代谢。如果土壤疏松透气、干湿适宜则皮孔紧闭，所长块茎的表面就光滑；如果土壤黏湿、板结、透气性差，所长块茎的皮孔就张大突出，形成小斑点。这虽然对质量无影响，但为病菌的侵入开了方便之门。从马铃薯块茎的结构上看，它是由表皮层、形成层、外部果肉和内部果肉四部分组成的。马铃薯的最外面的一层是周皮，周皮的细胞被木栓质所充实，具有高度的不透气性和不透水性。所以周皮具有保护块茎，防止水分散失，减少养分消耗，避免病菌侵入的作用。周皮内是薯肉，薯肉由外向里包括皮层、维管束和髓部。皮层髓部由薄壁细胞组成，里面充满着淀粉粒。皮层和髓部之间的维管束环是块茎的辅导系统，也是含淀粉最多的地方。

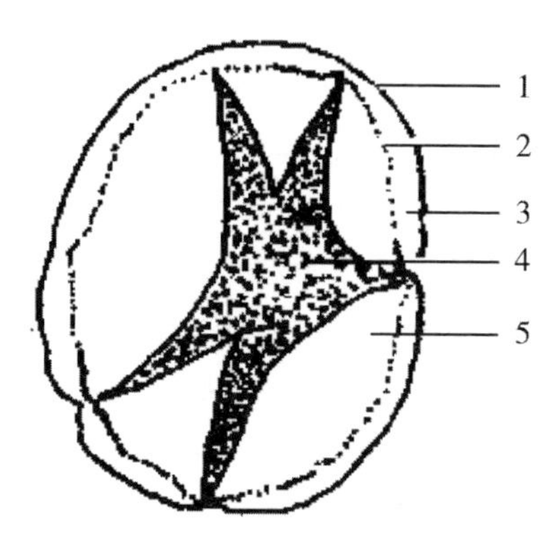

图 2－6　马铃薯块茎的形态结构

1.周皮　2.维管束环　3.皮层　4.内髓　5.外髓

三、叶

马铃薯的叶为奇数羽状复叶（图 2－7），由种子和薯块繁殖初生而来的头几片叶为单叶，称为初生叶，初生叶全缘。第 2～5 片叶为不完全复叶。以后的叶片为完全奇数复叶，多数品种是由 7～9 片小叶组成，对生。顶端 1 片小叶为顶小叶，在复叶的中肋（叶轴）上排列的3～5 对叶称侧小叶，在侧小叶之间还着生有极小的叶片，称为叶耳，又称小裂叶，复叶叶柄基部与主茎连接处的左右两例有托叶 1 对。顶小叶的形状和侧小叶的对数等性状通

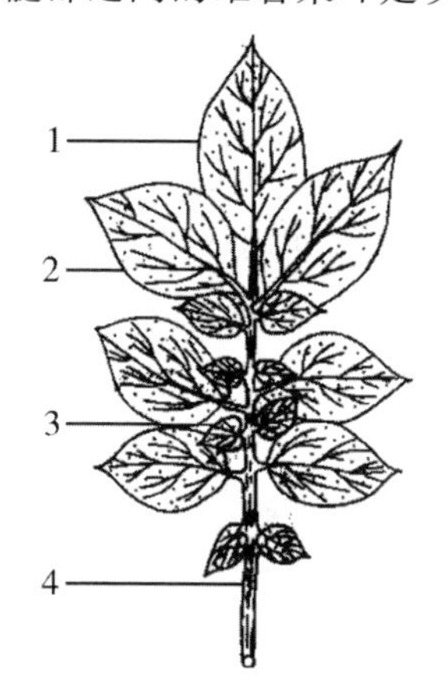

图 2－7　马铃薯叶的结构

1.顶小叶　2.第一对侧小叶
3.叶耳　4.叶柄

常较稳定，是鉴别品种的依据之一。复叶互生，在茎上呈螺旋状排列，叶序为2/5、3/8/或5/13。叶面光滑或有皱褶；叶面被有茸毛或有光泽；叶色有深绿或浅绿之分。正常健康的植株复叶较大，小叶片平展而富有光泽，叶肉组织表现绿色，深浅一致。

马铃薯叶片的生长过程，分为上升期、稳定期和衰落期。研究表明，在叶片衰落期，部分叶片枯黄，但大部分叶片继续进行光合作用，同时由于天然叶面积减少，田间透光条件得到改善，再加上气候凉爽，昼夜温差大，更有利于有机物质的合成和积累。这个时期是块茎产量形成的重要时期，因此，在这个时期防止叶片早衰，尽量多地保持绿色叶片，对增产有重要作用。叶片是马铃薯进行光合作用、制造营养的主要器官，它的叶绿体吸收阳光，把根吸收来的营养和水分以及叶片本身在空气中吸收的二氧化碳，制造成富含能量的有机物质（糖、淀粉及蛋白质、脂肪等），同时释放出氧气，这些有机物质，通过地上茎、地下茎、匍匐茎，被输送到块茎中贮藏起来，供根、茎、叶、花等生长时应用。因此，使植株生长一定数量的健壮叶，是获得丰产的基础。但叶片过密，相互遮掩，降低了光的吸收，也会影响光合作用效果，降低产量（图2-8）。

图2-8　马铃薯的茎和叶

四、花与花序

马铃薯的花萼绿色多毛，基部合成管状。花冠合瓣，呈五角形，有白、浅红、紫红、蓝及紫蓝等色。雄蕊五枚，花药聚生，有淡绿、橙黄、褐、灰黄等色。雌蕊子房由两个心皮组成，子房上位，两室。花柱长，枝头头状或棍棒状，两裂或多裂。花着生于细长的花柄上，每朵花柄的中上部有一个小节（称花柄节），落花落果都是由这里产生离层后脱落的。数朵花通过花柄共生在一个花序上，花序是聚伞型花序，有些品种因花梗分枝缩短，各花的花柄着生在同一点上而呈简单伞形花序(图 2－9)，每个花序有 2～5 个分枝，每个分枝

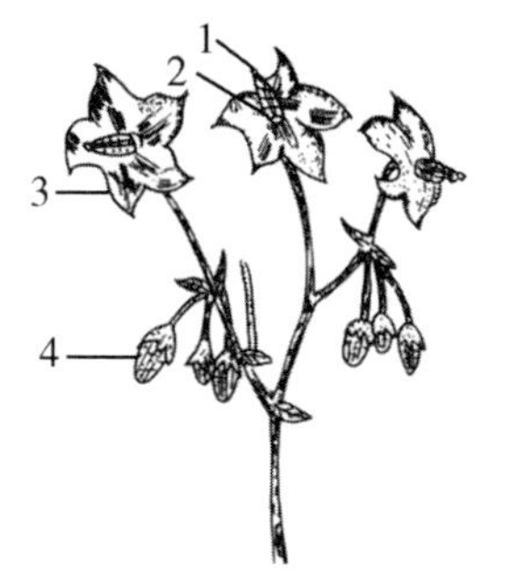

图 2－9　马铃薯的花和花序

1.雄蕊　2.雌蕊　3.花冠　4.花蕾

上着生 4～8 朵花，每朵花开花时间为 3～5 天，开花有明显的昼夜周期性，一般上午 8 时开花，下午 6 时左右闭花，花无蜜腺，属自交授粉，天然杂交率极低。早熟品种一般只有一个花序，开花时间较短，晚熟品种可连续抽出几个花序，植株开花时间可持续 2 个月以上。有的品种花和果实多，会大量消耗营养，因此，在生产上有时要采取摘蕾、摘花措施，以确保增产。

五、果实和种子

马铃薯的果实如图 2－10，为浆果，呈球形或椭圆形，果皮绿色、褐色或紫绿色，有的果皮表面着生白点。一般为 2～3 室。每个果实含种子 100～250 粒，种子很小，称为实生种子，千粒重只有0.4～

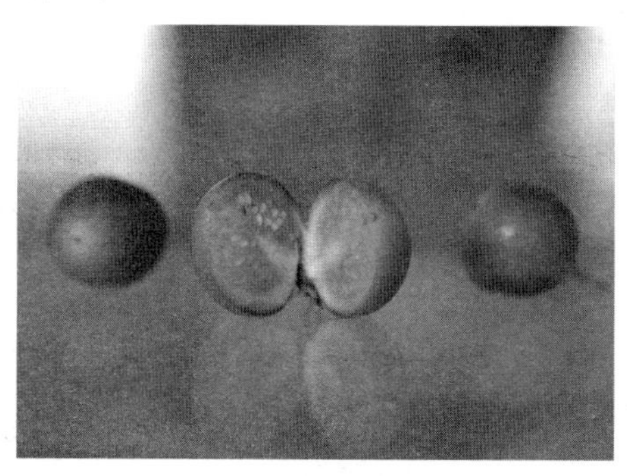

图 2－10　马铃薯的浆果和种子

0.6g,扁平卵圆形,黄色或暗灰色,表面粗糙,刚采收的种子有6个月休眠期,可贮藏7～8年。用实生种子种出的幼苗叫实生苗,结的块茎叫实生薯。实生种子在有性生殖过程中,能排除一些病毒,所以在有保护措施的条件下,用实生种子继代繁殖的种薯可以不带病毒。但实生种子发芽缓慢,顶土能力弱,出苗后根系细弱,叶片很少,前期生长缓慢。近年来,利用实生种子生产种薯,已成为防止马铃薯退化的一项有效技术措施。

第二节 马铃薯的生育周期与特性

一、生育周期

马铃薯一生可分为发芽期、幼苗期、块茎形成期、块茎增长期(膨大期)、淀粉积累期和块茎休眠期6个时期。

1.发芽期(块茎萌芽至出苗)

从种薯播种到幼苗出土为发芽期,进行主轴第一段的生长。发芽期春季为25～35天,秋季为10～20天,处于休眠期的种薯,需人工打破休眠后才能发芽。

发芽期是马铃薯以根系形成和芽的生长为中心,同时进行叶和花原基的分化,这一时期是马铃薯发苗、扎根和进一步发育的基础,也是获得马铃薯高产稳产的基础。种薯的质量与栽培措施,对出苗有很大影响。幼龄健康的小整薯,组织幼嫩,代谢旺盛,生活力强,而且具有顶端优势,所以出苗齐、全、壮,一般比老龄薯要提前出苗3～5天,提高出苗率20%。土壤疏松,通气良好,有利于发芽生根,促进早出苗,出壮苗。施用速效性磷肥作种肥,有利于发芽出苗。

2.幼苗期(出苗—现蕾)

出苗到第6或第8叶展开的时候,为幼苗期,进行主轴第2段的生长。此时地上主茎叶片生长很快,当第6片叶子展开时,复叶逐渐完善,幼苗出现分枝,地下芽眼根向纵深发展,并相继发生匍匐茎、匍匐根，匍匐茎沿着水平方向伸长。当主茎出现7～13片叶子时，有的匍匐茎顶端开始膨大，至现蕾时，匍匐茎数目不再增加，标志着幼苗期的结束。幼苗期因品种熟性不同，长短不一，一般需要15～25天。幼苗期生长量不足，茎叶干重只占一生总干重的3%～4%。

幼苗期是以茎叶和根系发育为中心，同时伴随着匍匐茎的形成和伸长以及花芽的分化。因此，这一时期生长的好坏，是决定光合面积大小、根系吸收能力和块茎形成多少的基础，在栽培上应以壮苗促棵为中心，尽快促进地上茎叶的快速生长，使其尽早达到最大光合面积，促进更多的匍匐茎形成和根系向深广发展。

3.块茎形成期(现蕾—初花)

从现蕾到开花初期，是块茎形成期。地上植株现蕾是地下块茎形成初期的标志，此期的生长特点是：植株进入营养生长与生殖生长的并进期，地上部茎叶生长和地下部块茎形成同时进行。在营养供应不良时，地上茎叶生长会出现暂时减缓现象，一般约10天，以后恢复正常生长。当地下块茎增大到3cm左右，地上主茎出现9～17片叶时，花蕾开始开花，块茎形成期即结束。此期是决定结薯多少的关键期，同一植株的块茎，大都在这一时期形成。随着块茎的形成和茎叶的生长，对水肥的需求量不断增加，所以，该期应保证充足的水肥供应，及时进行追肥、浇水，多次中耕培土，才有利于块茎的形成。

4.块茎增长期(始花—终花)

块茎增长期基本与开花盛期相一致，这一时期是以块茎的体积和重量增长为中心的时期。开花后，茎叶生长进入盛期，叶面积迅速增大，光合作用旺盛，茎叶制造养分向块茎输送，因此，在开花盛期，块茎的膨大速度很快，在适宜条件下，一穴马铃薯块茎每天可增重20～25g。盛花期是地上茎叶生长最旺盛的时期，也是决定块茎大小和产量高低的时期。此后，地上部分生长趋于停止，制造的养分不断向块茎中输送，块茎继续增大，直至茎叶枯黄为止。所以，本期是决定块茎大小的关键时期。马铃薯全部生育期所形成的干物质，大部分在这个时期形成，该期是马铃薯一生中需水需肥最多的时期，占生育期需肥量的50%以上。因此，该期必须充分满足对水肥的需要，保证及时追肥浇水。这一时期温度对块茎的膨大影响较大，块茎生长的适宜温度为16～18℃，超过21℃，块茎膨大就会严重受阻，甚至完全停止。

5.淀粉积累期(终花—枯萎)

当开花结实接近结束，茎叶生长渐趋缓慢或停止，植株下部叶片开始衰老、变黄和枯萎，便进入了淀粉积累期。此期地上茎叶中贮藏的养分继续向块茎中输送，块茎的体积基本不再增大，但重量继续增加。成熟期的特点是以淀粉的积累为主，蛋白质、灰分元素也相应增加，而糖分和纤维素则逐渐减少。淀粉的积累一直可继续到茎萎为止。此期应注意防止土壤湿度过大，以免引起烂苗，同时，适当增施磷、钾肥，可以加快同化物质向块茎运转，增强抗病能力和块茎的耐贮性，防止茎叶早衰或徒长。

6.块茎休眠期

马铃薯块茎的休眠，实际上始于块茎开始膨大的时刻。但在栽培上则是从茎叶全部枯萎收获时看作是块茎进入休眠期。所谓休眠，就是指刚收获的块茎即使在适合发芽的环境中，也不发芽，而必须经过一段时期才能发芽。休眠的原因主要是因为块茎成熟过程中，表皮中有一层很致密的栓皮组织细胞，阻止了空气中的氧气进入块茎内部，致使其呼吸作用、生理代谢作用微弱，块茎芽眼不能获得所需要的营养物质和氧气供应，因而不能发芽。休眠期的长短，随品种、温度而异，短的1月左右，长的可达半年，当贮藏温度为1～3℃时，多数品种可保持长期不发芽。

块茎休眠期是可以控制的。例如，要延长块茎休眠期，可以采用CIPC(氯苯胺灵)处理，CIPC是最广泛使用的化学抑芽剂，其有效成分约2%，它与惰性填充物混合，以每吨块茎1～1.5kg药剂的比例，撒粉施用，能够很有效地延迟和减少发芽生长；如要打破休眠，则可采用以下方法：

(1)用0.5～1mg/kg的赤霉素(九二〇)浸泡薯块10～15min。

(2)用0.5%～1%的硫尿溶液浸泡薯块4h。

(3)用0.01%的高锰酸钾溶液浸泡薯块36h。

(4)将种薯切块或擦破周皮。

二、生育特性

马铃薯在其漫长的历史发展中,由野生到驯化栽培,逐步形成了它的一些特有特性。

1. 喜凉特性

马铃薯植株的生长及块茎的膨大,有喜凉特性。马铃薯的原产地为南美洲安第斯山高山区,年平均气温为5～10℃,最高月平均气温为21℃左右,因此使马铃薯植株和块茎在生物学上形成了只有在冷凉气候条件下才能很好生长的自然特性。特别是在结薯期,叶片中的有机营养,只有在夜间温度低的情况下才能输送到块茎里。因此,马铃薯非常适合在高寒冷凉的地带种植。这也成为我国马铃薯的主产区大多分布在东北、华北、西北和西南高山区的一个主要原因。

2. 分枝特性

马铃薯的地上茎和地下茎、匍匐茎、块茎都有分枝的能力。地上茎分枝长成枝杈,分枝的多少、发生分枝的迟早因品种而异,一般早熟品种分枝数少,分枝时间晚,而且大多是在其茎上部产生分枝;晚熟品种分枝数量多,分枝时间早,多在茎下部产生分枝。地下茎在地下的环境中产生分枝,这种分枝被称为匍匐茎,匍匐茎尖端变形短缩膨大,形成块茎。匍匐茎也能产生分枝,但其尖端变形结成的块茎比原先的匍匐茎所结的块茎要小。块茎同样能产生分枝,即使是上年收获的块茎,在下年种植时,也会从芽眼处长出新的植株。人类正是利用了这一特性,利用块茎进行无性繁殖。

除了地下茎能产生分枝,结成块茎,地上茎的的分枝也能长成块茎。当地下茎的输导组织(筛管)受阻时,叶子制造的有机营养向下输送受到阻碍,就会把营养贮存在地上茎基部的小分枝里,使之逐渐膨大成为小块茎，这种小块茎称之为“气生薯”，一般是几个或十几个堆簇在一起，呈绿色，不能食用。

3.再生特性

马铃薯具有很强的再生能力，如果割下马铃薯的主茎或分枝，扦插于土壤并满足它对水分、温度和空气的要求，它就能再生成为新的植株；如果植株地上茎的上部遭到破坏，其下部能从叶腋长出新的枝条，来接替被损坏的部分，制造营养并完成上下输送营养的功能，使地下所结薯块继续生长。利用这一再生特性，可对其进行“育芽掰苗移栽”、“剪枝扦插”、“压蔓繁殖”、“组织培养生产脱毒种薯”、“切段扩繁”、“微型薯剪顶扦插”等措施来扩大繁殖倍数，加快新品种的推广速度，收到明显的经济效果。

4.休眠特性

马铃薯块茎，具有休眠特性，如果放在最适宜的发芽条件下，几十天也不会发芽，只有经过一定的贮藏时间，才能发芽。

休眠期的长短和品种有很大关系。有的品种休眠期很短，有的品种休眠期很长。一般早熟品种的休眠期长于晚熟品种。即使是同一品种，如果贮藏条件不同，则休眠期长短也不一样，即贮藏温度高的休眠期缩短，贮藏温度低的休眠期会延长。此外，块茎的成熟度不同，休眠期也不一样。

块茎的休眠特性，在马铃薯的生产、贮藏和利用上，有着重要的作用。在用块茎做种薯时，它的休眠解除程度，直接影响着田间出苗的早晚、出苗率、整齐度、苗势及产量。贮藏马铃薯块茎时，要根据所贮品种休眠期的长短，安排贮藏时间和控制窖温，防止块茎在贮藏过程中过早发芽，而损害使用价值。

第三节　马铃薯生长发育对环境条件的要求

一、温度

马铃薯是喜欢冷凉气候的作物，既怕霜冻，又怕高温。在浙江地区一年两熟栽培，必须想法避开夏季高温对马铃薯的不良影响，才能获得高产。

马铃薯在不同的生育阶段对温度的要求不尽相同：渡过体眠期的块茎，发芽期芽苗生长所需的营养与水分都由种薯供给，这时的关键在温度，当土壤温度超过5℃时，芽眼就会萌动发芽。土温低于4℃时，种薯不能发芽。当温度上升到10～12℃时，幼芽生长健壮而迅速；13～18℃时，是马铃薯幼芽生长最理想的温度。温度过高，不发芽且易造成种薯腐烂。

幼苗期和块茎形成期是茎叶生长和进行光合作用制造营养的阶段，这时适宜的温度范围是16～20℃。若气温过高，光照不足，叶片就会长得又大又薄，茎间伸长变细，出现倒伏，影响产量。多地试验表明，结薯期(块茎形成期和增长期)温度对块茎形成和干物质积累影响很大，这时以16～18℃的土温、18～21℃的气温最为适宜。在这样的温度下，养分积累迅速，块茎膨大快，薯皮光滑，食味好。如果温度超过21℃，马铃薯生长就会受到抑制，块茎生长缓慢。地温超过25℃或气温超过30℃时，不仅地上部生长受阻，光合作用减弱，块茎也停止膨大，薯皮老化粗糙，淀粉含量低，食味变差，所采收的块茎不耐贮藏。高温不仅降低马铃薯当年的产量，而且降低马铃薯的生活力，促进病毒的发展，加速马铃薯的退化过程。

结薯期不仅要求有适宜的温度。而且还要求有一定的昼夜温差，温差越大越好。只有在夜温低的情况下，叶片制造有机物才能由茎秆中的输导组织运送到块茎里。如果夜间温度不低于白天温度或低得很少，有机营养向下输送的活动就会停止。

马铃薯的块茎和植株均不耐霜冻，气温降到0℃以下时就会受到冻害；降到－4℃时，地上植株和地下块茎都会受冻死亡。受冻的块茎，芽眼死亡，不能做种，解冻后，水分大量渗出，块茎变软萎蔫，失去商品和食用价值。

马铃薯生长对温度的要求，决定了不同地区马铃薯的种植季节，浙江地区可一年种两季，但夏季与秋季平均气温都在25℃以上,为避开高温季节,只有在冬季和早春才能进行种植。而北方省份如黑龙江、内蒙古、青海等省,7 月平均气温都在 21℃或以下,一年只能种一季,种植季节只能安排在春季或夏初。

二、水分

马铃薯是需水较多的作物,其茎叶含水量占 90%,块茎含水量达 80%。水是马铃薯进行光合作用、制造有机营养的重要原料,也是将光合作用制成的有机营养并输送到块茎中进行贮藏的载体。据测定,马铃薯要形成 1kg 干物质,约需水 140kg。所以,在马铃薯的生长过程中,必须有足够的水分,才能获得较高的产量。

马铃薯在不同的生育时期,对水分有不同的要求:

发芽期所需水分,主要是靠种薯自身贮存的水分来供应,此期要求保持土壤湿润,土壤中持水量达到 14%～16%即可。但如土壤过于干燥,幼芽虽然萌动也不能伸长出土;干旱严重时,薯块干缩,雨后腐烂,导致缺苗。

幼苗期要求田间土壤最大持水量达到 50%～60%,以利于根系向土壤深层发展,茎叶的健康生长。据测定,整个幼苗期(出苗到第 6 或第 8 叶展开)总需水量占全生育期需水量的10%～15%。

块茎形成期,是马铃薯需水由少到多的时期,特别是结薯期的前段,即从开始开花到落花后一周,是马铃薯需水最敏感的时期,也是需水量最多的时期。据测定,这个阶段的需水量占全生育期需水总量的一半以上。如果这个时期缺水,地上部分发育受阻,植株生长缓慢,开花少,花期短,花蕾早期脱落或花朵变小,块茎也会停止生长。以后即使降雨或有水分供应,植株和块茎恢复生长后,结薯也不会正常,块茎容易出现二次生长,形成串薯等畸形薯块,产品品质变差。但是,此期水分也不能过多,如果水分过多,土壤过湿,茎叶容易出现疯长,不仅大量消耗营养、茎叶细嫩引起倒伏,而且为病害的侵染造成了有利条件。

结薯前期田间土壤最大持水量以保持在 75%～80%为宜。

结薯后期,块茎已经基本形成,此时虽仍要求有一定的水分供应，但水分不能过多，如水分过多，一是造成植株下部叶片变黄枯死，影响光合作用和养分积累，造成收获困难，还易使块茎患染病害，尤其是易患疫病，降低薯块品质。二是容易引起块茎的气孔开裂外翻，造成薯皮粗糙，易受病菌侵害，不利贮藏。三是水分过多会使块茎在土壤中缺少氧气，不能呼吸，窒息死亡，造成田间烂薯，严重减产。据资料介绍，在结薯后期，土壤水分过多或积水超过24h，块茎易腐烂；积水超过30h，块茎将大量腐烂；超过42h，块茎将全部烂掉。

结薯后期田间土壤最大持水量以保持在60%为宜。

空气湿度的大小，对马铃薯生长也有很重要的影响。空气湿度小，会影响植株体内水分的平衡，减弱光合作用，马铃薯的生长受到阻碍。而空气湿度过大，又会造成茎叶疯长，特别是叶片晚间结露，很容易引起晚疫病的发生和流行。

总之，马铃薯生长期需要一定数量而充足的水分，一般在马铃薯生长期有300～400mm的均匀降水量，就可以满足对水分的要求。因此，要根据不同地方常年降雨的多少和季节情况，采取一些有效的农艺措施。比如种植马铃薯应尽量选择旱能浇、涝能排的地块，不要在低洼地上种植；在雨水较多的地方，采取高畦种植的方法，并在播种时留好排水沟。在干旱地区，要逐步增设浇水设施以保证在马铃薯需水时可进行浇灌。

三、光照

马铃薯是喜光作物，其生长发育对光照强度和每天的日照时数反应强烈。但在不同生育阶段，对光照有不同要求。

发芽期要求黑暗，以促进发芽。光线会抑制幼芽伸长，促进加粗、组织硬化和产生色素。

幼苗期和发棵期（块茎形成前期）要求长日照，有利于茎叶生长和匍匐茎发生。块茎形成后和块茎膨大期则要求强光短日照，以加快成薯速度。据测定：在12h日照长度下，养分向块茎输送的速度比19h日照长度下快5倍；叶的光合强度在12h日长下比

19h日长提高50%。

马铃薯光合作用强度随光照强度而增大。光照充足时，枝叶繁茂，生长健壮，容易开花结果，块茎形成较早，块茎产量和块茎干物质含量较高。长日照对茎叶生长和开花有利，短日照有利于养分积累和块茎膨大。马铃薯最适宜的光照时间以11～13h为宜。因此，高原与高纬度地区，由于光照强，温差大，适合马铃薯的生长和养分积累，一般都能获得较高的产量。在生育期间，如长期光照不足，或种植过密，植株互相遮荫、避风，透光性差，则影响光合作用，会使茎叶嫩弱、徒长，不开花、延迟块茎形成，削弱植株抗病力，大大降低产量。

四、土壤

马铃薯对土壤的适应性非常强，一般土壤都能生长。但最适合马铃薯生长的土壤是土层较深、质地疏松、排水通气良好、富含有机质的轻质壤土和沙壤土，这类土壤有足够的空气，有利于马铃薯根系和块茎生长、膨大、薯形整齐，薯皮光滑整洁，并且能获得较高的产量，且品质良好、淀粉含量高、食味好、商品性好。但是也并不是没有这样的土壤就不能种植马铃薯，黏性土壤保水、保肥力强，但种植马铃薯有其缺点，如土壤容易板结，雨后或浇水后透气性较差，不利于发小苗，中后期植株生长旺盛，易出现徒长现象，块茎易出现畸形，芽眼凸出，表皮不光滑，产量和淀粉含量低，且容易引起薯块腐烂，所收马铃薯也不宜作为种薯等。对于这种土壤，可以采取压绿肥、掺沙子、增施作物秸秆肥料等措施加以改良。在管理得当的情况下，也能获得高产。

马铃薯种植的土壤适宜pH值为4.8～7.0，但以微酸性或中性(pH值是5.5～6.0)最为适宜。如种在偏碱的土壤里，容易感染疮痂病。土壤pH值<4.8时或pH值>7.5时，产量下降，都不适宜种植马铃薯。

五、养分

马铃薯所需营养元素种类与其他作物大体相似，主要是氮、磷、钾三大要素。但马铃薯所需三要素比例，却与其他农作物大不一样。在肥料三要素中需钾最多，氮次之，磷最少。三者之比约为4∶2∶1。每生产1 000kg块茎，需要从土壤中吸取氮(N)5.5kg、磷(P_2O_5)2.2kg、钾(K_2O)10.2kg。

1. 对氮素的需求

马铃薯植株对氮素的需要量相对来说较少，是钾肥的1/2～1/3。氮肥的作用主要是促进茎叶的生长，提高光合能力。在植株生长初期有充足的氮素，能促进根系的发育，增强植株的抗旱性。但是，如果氮肥施用过量，则会导致茎叶生长过于繁茂，引起徒长。

试验表明：当土壤全氮含量达到0.136%～0.161%、碱解氮含量为0.0111%～0.0112%时，增施氮肥会显著降低产量。而在全氮含量<0.1%、碱解氮含量为0.0068%～0.0097%的田块，增施氮肥可显著增产。高氮水平或追施氮肥偏晚，会使结薯延迟，使块茎膨大时间缩短，植株贪青晚熟，从而减产。

2. 对磷肥的需求

马铃薯植株吸收的磷肥在前期主要用于促进根系的生长发育和匍匐茎的形成，使幼苗健壮，提高抗旱、抗寒能力；在后期主要用于干物质和淀粉的积累，促进早熟，增进品质，增加耐贮性。同时，磷对植株吸收氮素具有促进作用，可提高氮的运转速度，从而提高马铃薯植株的光合生产率和生物产量。

马铃薯需磷肥的数量很少，据测定，马铃薯植株中的含磷量一般只占干物重的0.4%～0.8%，但却非常重要。没有磷肥，马铃薯植株就不可能生长。如果缺磷，植株生长缓慢，茎秆矮，叶子稍卷曲，边缘有焦痕，长势弱，块茎内出现褐色锈斑，煮熟时锈斑处发脆，影响食用。但如果施用过量，也会造成不良后果，如会促使马铃薯呼吸作用过于旺盛，消耗的干物质大于积累的干物质，引起早熟而减产；诱发土壤缺锌、缺钼；造成土壤中有害元素如镉、铅、氟等有害元素积累增加；导致土壤理化性质恶化、土壤酸化等现象产生。

给缺磷的土壤增施磷肥时，要考虑到磷肥被农作物吸收的利用率较低，仅有20%～30%，因而要考虑磷肥的施用方法：一是提倡作基肥施用，磷肥作基肥施用效果要优于作追肥。例如，每1kg五氧化二磷作基肥时的块茎产量，要比作追肥的增产3.5kg。此外，磷肥作基肥时利用率较高，约为14%；而作追肥时，利用率仅有4%。二是要适当增加施用的数量。缺磷的地块，每亩施用磷素应不少于4.5kg。三是要讲究磷肥的施用方法。表面撒施可增产27%（与不施肥比较），利用率为7%；而集中穴施可增产57%，利用率达14%。对于穴施来说，将磷肥均匀地撒于5～15cm土层的，又比集中施于5cm土层的效果好，前者可使肥效提高到20.5%。

3.对钾肥的需求

在各种矿质元素中，马铃薯对钾的吸收量最多。在植株灰分总量中，钾占50%～70%。马铃薯吸收钾素主要用于茎秆和块茎的生长发育。充足的钾肥，可使植株生长健壮，茎秆粗壮坚韧，增加抗倒伏、抗寒和抗病能力，并使薯块变大，蛋白质、淀粉、粗纤维等含量增加，减少空心，从而使产量和品质都得到提高。钾肥在马铃薯体内具有延缓叶片衰老，增加光合作用时间和有机物制造的强度等显著作用。

马铃薯植株在生长过程中，缺少钾肥，会造成植株弯曲、节间缩短，叶缘向下卷曲，叶片由绿色变为暗绿，最后变成古铜色，同时叶脉下陷，根系不发达，匍匐茎变短，块茎小、产量低、质量差，煮熟的块茎薯肉呈灰黑色。

因马铃薯吸收钾肥量最大，即使是土壤中富含钾素的地块，种植马铃薯时也要补充一定数量的钾肥，才能满足植株生长的需要。实践表明，按目前我国施肥水平，每亩应施用全钾6～8kg。

氮、磷、钾各种成分在马铃薯的不同生育期中含量是不相同的。氮素以萌芽后到花蕾着生期前后含量最多；磷的含量随着植株生长期的延长而降低；钾的含量在萌芽时低，萌芽后迅速增加，在开花期后反而下降。茎叶中的养分在块茎开始膨大时向其中运转。块茎中无机成分氮和钾占其全吸收量的70%，磷占90%，钙占10%，镁占50%左右。

马铃薯生长除需上述三大要素外，还需要钙、镁、硫等中量元素和锌、铜、钼、铁、锰、硼等微量元素；这些元素虽然被吸收的数量极小，但如缺少会引发一些病状，降低马铃薯的产量和品质。

马铃薯缺钙时，早期顶芽幼龄小叶叶缘出现淡绿色色带，后坏死致小叶皱缩或扭曲，严重时顶芽或腋芽死亡。根部易坏死，块茎小，有畸形成串小块茎，块茎表面及内部维管束细胞常坏死。

马铃薯对镁较为敏感。缺镁时老叶的叶尖、叶缘及叶脉间褪绿，并向中心扩展，后期下部叶片变脆、增厚。严重时植株矮小，失绿叶片变棕色而坏死、脱落，块根生长受抑制。

马铃薯缺硫时，植株叶片、叶脉普遍黄化，与缺氮类似，生长缓慢，但叶片并不提早干枯脱落，严重时叶片出现褐色斑块。

马铃薯缺锌时，生长受抑，节间变短，株型矮缩，顶端叶片直立，叶小，叶面上出现灰色至古铜色的不规则斑点，叶缘上卷。严重时叶柄及茎上均出现褐点或斑块。

马铃薯缺铜严重时，幼嫩叶片向上卷呈杯状，并向内翻回。

马铃薯缺钼时，叶片易出现斑点，边缘发生焦枯并向内卷曲，并由于组织失水而萎蔫。

马铃薯缺铁时，叶片失绿黄白化，心叶常白化，称失绿症。初期叶脉间退色而叶脉仍绿，叶脉颜色深于叶肉，色界清晰，褪绿的组织向上卷曲，严重时叶片变黄，甚至变白。

马铃薯缺锰时，症状首先在新生的小叶上出现，叶脉间失绿后呈浅绿色或黄色，严重时叶脉间几乎全为白色，并沿叶脉出现许多棕色小斑。最后小斑枯死、脱落，使叶面残缺不全。

硼有利于马铃薯薯块肥大，也能防止龟裂。对提高植株净光合生产率有特殊作用。缺硼时根端、茎端生长停止，严重时生长点坏死，侧芽、侧根萌发生长，枝叶丛生。叶片粗糙、皱缩、卷曲、增厚变脆、皱缩歪扭、褪绿萎蔫，叶柄及枝条增粗变短、开裂、木栓化，或出现水渍状斑点或环节状突起。块茎小。

根据外部症状，可以初步判断马铃薯生长受抑，可能缺某些元素。因缺素的有些症状，如卷叶、皱缩、失绿、干枯等症状与有些病害相似，这时要仔细观察，从多方面考虑，找到病因，对症下药。如防止缺铁，可于始花期喷洒 0.5%～1%硫酸亚铁溶液 1～2 次。

在马铃薯所需的中量元素和微量元素中，一般土壤中都含有这些元素，基本可以满足植株生长的需要。如经土壤化验，已知当地缺少那种元素，可在施肥时适当增加一点含有这种元素的肥料，就能起到很好的作用。

六、气体

马铃薯作为以地下块茎为产品的作物，与一般植物相比，其块茎、匍匐茎和根系等大量根际器官对根际气体环境的要求更高，因此，在生产中常选择通气性较好的沙性土壤栽培，并多次中耕松土，以保持根际土壤的疏松通气。盆栽试验表明，加沙的黏土由于通气的改善，根数、根长、根重与地上茎比值分别比不加沙的增多 100%、60%和 40%左右，产量也提高 88%。李军等研究表明，土壤通气性提高可增加马铃薯植株功能叶片 ATP 含量，促进干物质在块茎中的分配率，从而增加块茎产量，Arteca 等采用 C 示踪的方法研究发现，马铃薯根系有吸收和固定 CO_2 的作用，并且吸收的 CO_2 可以被地上叶片的光合作用利用，这说明根际 CO_2 浓度变化对马铃薯植株的生长发育具有重要影响。大气中 CO_2 浓度一般为 300×10^{-3}ml/L，当浓度增至 1 500$\times10^{-3}$ml/L 时，光合强度可大大提高。因此田间通过增施有机肥料，或追施碳酸氢铵，有增加田间 CO_2 浓度的作用。

第三章　马铃薯品种选择

第一节　马铃薯品种类型

马铃薯有多种分类方法，学术界常用的分类方法是霍克斯(Hawkes，1982)分类法，是依据形态、结薯习性和其他特征来进行分类的一种分类方法。按照这种分类方法，霍克斯将马铃薯分为18个系，164个种(野生种156个，栽培种8个)。其中，8个栽培种均属马铃薯系，且全为多倍性植物，染色体基数n=12，有二倍体(2n=24)、三倍体(2n=36)、四倍体(2n=48)、五倍体(2n=60)和六倍体(2n=72)。在所有能结块茎的“种”中二倍体约占74%，四倍体占11.5%，三倍体占4.5%，五倍体占2.5%，六倍体占5%，其他占2.5%。三倍体和五倍体种是不孕的，仅靠无性繁殖繁衍后代。8个栽培种包括：

(1)窄刀种(S. *stenotomun* Juz. et Buk)，是最早栽培的二倍体种。

(2)阿江惠种(S. *Ajanhuri* Juz. et Buk)，为二倍体种。

(3)多萼种(S. *x goniocalyx* Juz. et Buk)，为二倍体种。

(4)富利亚种(S. *phureja* Juz. et Buk)，为二倍体种。

(5)乔恰种(S. *x chaucha* Juz. et Buk)，是三倍体种。

(6)尤杰普氏种(S. *x juzepczukii* Buk)，是三倍体种。

(7)马铃薯种(S. *tuberosum* L.)，含两个亚种，均为四倍体。一是安第斯亚种(S. *tuberosum* ssp. *Andigena* (Juz. et Buk) Hawkes)；二是马铃薯亚种(S. *tuberosum* L. ssp. *tuberosum*)，是马铃薯中最重要的一个种。

(8)短叶片种(*S. curtilobum* Juz. et Buk)是五倍体。

马铃薯栽培种包括原始栽培种均产于南美,其中,只有普通栽培种亚种在世界各国广泛栽培。现在广泛栽培的马铃薯品种多属四倍体品种。

在生产实践中,马铃薯主要有3种分类方法。

1. 按块茎成熟期分类

可分为早熟品种(包括60天以下的特早熟品种)、中熟品种、中晚熟品种、晚熟品种。

(1)早熟品种。生长期(播种至茎叶枯黄,下同)61~75天。特早熟品种(生长期在60天以下的,也划入早熟品种范围)。

(2)中熟品种。生长期为76~95天。

(3)中晚熟品种。生长期为96~115天。

(4)晚熟品种。生长期为116天以上。

2. 按皮色分类

可分为白色种、黄色种、粉红色种和紫红色种等。

3. 按用途分类

可分为菜用型品种和加工型品种两大类。

第二节　马铃薯主要优良品种

一、早熟品种

1. 东农303

由东北农业大学农学院用白头翁(Anemone)作母本、卡它丁(Katahdin)作父本杂交育成。特早熟菜用型品种。1986年通过国家审定。

(1)特征特性。出苗55~60天收获。株高45cm左右,茎直立、绿色,分枝数中等,复叶较多,叶缘平展,生长势强。花冠白色,花药黄绿色,不能天然结实。块茎椭圆形,中等大小,黄皮黄肉,表皮光滑,芽眼浅,结薯集中。淀粉含量13.1%~14.0%,粗蛋白质含量 2.25%，维生素 C 含量 100g 鲜薯 14.2～15.2mg，还原糖含量 0.3%，适合食品加工和出口；植株高抗花叶病毒病，轻感卷叶病毒病；植株中感晚疫病，但块茎较抗晚疫病；抗环腐病，感青枯病；耐涝、耐贮藏。

(2)适应性与产量。适宜中等以上肥力地块种植，生长期需水充足，不适宜在干旱地区种植；江浙一带作春、秋二季栽培和一季作区早熟栽培。一般亩产 1 500～2 000kg，高产可达每亩2 500kg 以上。常规栽培每亩 4 000～4 500株，免耕栽培以每亩 6 000～6 500株为宜。

2. 中薯 3 号

由中国农业科学院蔬菜花卉研究所育成。品种来源：京丰 1 号×BF77A(BF66A)。早熟菜用型品种。2005 年国家审定，后通过北京、广西、贵州、湖南、福建、湖北、广东等省认定。

(1)特征特性。生育期 65～70 天。株型直立，分枝少，生长势较强，株高 55～60cm。茎绿色，复叶大，侧小叶 4 对，茸毛少，叶缘波状。花序总梗绿色。花冠白色，雄蕊橙黄色，柱头 3 裂，能自然结实。匍匐茎短，结薯集中，单株结薯数 4～5 个。该品种早熟、丰产、抗病性强，商品性好。大中薯率达 90%，薯块大，较整齐，薯皮光滑，芽眼浅。田间表现重抗花叶病毒，较抗普通花叶病毒和卷叶病毒，不感疮痂病。夏季休眠期 50～60 天。食用品质好，鲜薯淀粉含量 12%～14%，还原糖含量 0.3%，维生素 C 含量 20mg/100g 鲜薯。植株较抗病毒病，退化慢，不抗晚疫病。

(2)适应性与产量。适应性较广，较抗瘠薄和干旱，适于江苏、浙江、安徽一带作春、秋二季栽培和一季作区早熟栽培。二季作区春季亩产 1 500～2 500kg，高产可达 3 500kg；秋季作区栽培密度宜每亩 4 000～4 500株。

3. 中薯 5 号

从中薯 3 号天然结实后代中经系统选育而成。早熟鲜食品种。2001 年通过北京市审定，2004 年通过国家审定。

(1)特征特性。出苗后60天可收获。株型直立,株高50cm左右,生长势较强,分枝数少,茎绿色。复叶大小中等,叶缘平展;叶色深绿,花白色,天然结实性中等。块茎圆形、长圆形,淡黄皮淡黄肉,表皮光滑,大而整齐,芽眼极浅,结薯集中。炒食口感和风味好,炸片色泽浅。鲜薯干物质含量19%左右,淀粉含量13%,粗蛋白质含量2%,维生素C含量20mg/100g鲜薯。植株田间较抗晚疫病、PLRV(马铃薯卷叶病毒)和PVY(马铃薯Y病毒)病毒病,不抗疮痂病,耐瘠薄。

(2)适应性与产量。该品种早熟丰产,耐肥水,生长势较强,但分枝少,宜密植增收,既适合平播又可以间套种。适宜在河北、山东等省二季作地区,内蒙古、黑龙江、吉林、河北坝上等地区一季作,浙江、江苏、贵州等冬作区作为早熟鲜薯食用栽培。一般亩产2 000kg左右,高的亩产可达4 000kg,春季大中薯率可达97.6%。栽培密度每亩4 500~5 000株。

4.中薯7号

由中国农业科学院蔬菜花卉研究所育成。品种来源:中薯2号×冀张薯4号。早熟鲜食品种。2006年通过国家审定。

(1)特征特性。生育期为64天左右。株型半直立,生长势强,平均株高50cm左右。叶色深绿,茎紫色,花紫红色。块茎圆形,薯皮淡黄色,薯肉乳白色,薯皮光滑,芽眼浅,匍匐茎短,结薯集中。鲜薯还原糖含量0.20%,粗蛋白含量2.02%,淀粉含量13.2%,干物质含量18.8%,维生素C含量32.8mg/100g鲜薯。室内接种鉴定结果:中抗PVX,高抗PVY,轻度至中度感晚疫病。

(2)适应性与产量。适宜中原二季作区春、秋二季种植和南方冬作区早熟栽培,并在适宜地区进行加工原料试种。春季一般亩产2 000 kg左右,大中薯率可达90%以上。种植密度每亩4 000~4 500株。

5.中薯8号

由中国农业科学院蔬菜花卉研究所育成。品种来源:W953×

FL475。早熟鲜食品种。2006年通过国家审定。

(1)特征特性。出苗后平均生育期63天左右。植株直立，生长势强，株高52cm左右，分枝数少，枝叶繁茂。茎与叶均绿色、复叶大，叶缘微波浪状。花冠白色。块茎长圆，淡黄皮淡黄肉，薯皮光滑，芽眼浅。匍匐茎短，结薯集中，块茎大而整齐，商品薯率77.7%。蒸食品质优。鲜薯干物质含量18.3%，淀粉含量12.2%，还原糖含量为0.41%，粗蛋白含量2.02%，维生素C含量19.0mg/100g鲜薯。室内接种鉴定：植株高抗马铃薯轻花叶病毒病PVX，抗重花叶病毒病PVY，轻度至中度感晚疫病。

(2)适应性与产量。适宜在中原二季作区春秋两季种植和南方冬作区早熟栽培。春季栽培一般亩产2 000kg，大中薯率可达90%以上。种植密度每亩4 000～4 500株。

6. 克新4号

原品系代号6401－1－50。黑龙江省农业科学院马铃薯研究所于1963年用“白头翁”(Anemone)作母本，“卡它丁”(Katahdin)作父本杂交，1968年育成，1970年经黑龙江省农作物品种审定委员会审定命名，同年开始推广。1984年通过国家审定。早熟，属菜用型品种。

(1)特征特性。生育期70天左右。株型开展，分枝少，株高60cm左右，茎绿色，生长势中等，叶浅绿色，茸毛中等多；复叶大小中等，叶缘平展，侧小叶4对，花序总梗大小中等、整齐。花冠白色，花药黄绿色，花粉少，一般无浆果。块茎扁圆形，黄皮有网纹，薯肉淡黄色，芽眼数目中等、浅，结薯集中，薯块中等大小较整齐；半光生幼芽基部圆形、紫色，顶部尖形、淡紫色，茸毛多，块茎扁圆形，顶部平，黄皮淡黄肉，表皮光滑，块茎大小整齐，芽眼较浅，结薯集中，块茎休眠期较短，耐贮藏。休眠期短，极耐贮藏。块茎食味好，蒸食品质优；加工品质：干物质18%～21.4%，淀粉12%～13.3%，还原糖0.04%，粗蛋白质2.23%，维生素C 14.8mg/100g；植株感晚疫病要及早预防，块茎对晚疫病有较高的抗性，感环腐病;对 Y 病毒过敏,轻感卷叶病毒。

(2)适应性与产量。适应性较广,主要分布在黑龙江、辽宁、河北、天津、山东、安徽、上海、浙江等地。一般亩产量为 1 500kg 左右。不耐干旱,可适当密植,常耕栽培可亩栽 4 500株左右,免耕栽培以亩栽 6 000株左右为宜。

7. 费乌瑞它

1980 年由农业部种子局从荷兰引入。其组合为“ZPC50－35×ZPC55－37”。属极早熟菜用型品种。

(1)特征特性。生育期 60 天左右。株型直立,株高 60cm 左右。茎紫色,生长势强,分枝少。叶绿色,茸毛中等多,复叶大、下垂,叶缘有轻微波状,侧小叶 3～5 对,排列较稀。花序总梗绿色,花柄节有色,花冠蓝紫色,瓣尖无色,花冠大,雄蕊橙黄色,柱头 2 裂,花柱中等长,子房断面无色。花粉量多,天然结实性较强。浆果深绿色,有种子。块茎长椭圆形,顶部圆形,皮淡黄色,肉鲜黄色,表皮光滑,块大而整齐,芽眼数少而浅,结薯集中,块茎膨大速度快。干物质含量 17.7%,淀粉 12.4%～14%,还原糖 0.03%,粗蛋白质 1.55%,维生素 C 13.6mg/100g 鲜薯。适宜炸片加工。植株易感晚疫病,块茎中感病,轻感环腐病和青枯病,抗 Y 病毒和卷叶病毒。

(2)适应性与产量。适应性广,江苏、浙江、山东、河北、内蒙古、山西、广东等地均有种植。主要适合于二季作区。二季栽培应催芽晒种,块茎对光敏感,应及早中耕培土。一般亩产 1 700kg 左右,高产可达 3 000kg。密度以 4 000～5 000株为宜。

8. 兴佳 2 号

2013 年从宁夏引入,为脱毒种薯。

(1)特征特性。早熟,鲜食加工兼用,全生育期 70～90 天,属早中熟品种,株型直立,株高 65cm,叶片深绿色,茎绿色,花冠白色,生长势强,结薯集中,块茎长椭圆形,黄皮黄肉,表皮光滑,芽眼浅,商品薯率高,大中薯率高达 85%以上,淀粉含量高达 15%,商品性好，能及早上市。

(2)适应性与产量。该品种适应性较广，适宜在我国南北方二季栽培。综合性状优良，对肥水适应性强，丰产性好，一般亩产2 000～2 500kg，高产田块可达3 000kg或以上。

二、中熟品种

1. 本地小黄皮

是宁波本地引进最早、种植较多的品种之一，属中熟品种类型。

(1)特征特性。生育期95天左右。株型开展，株高60cm左右，茎绿色，基部带紫褐斑纹色，叶绿色，花冠白色。块茎长圆形，黄皮黄肉，表皮稍粗，块茎大小中等，芽眼较多、深度中等，结薯较分散。块茎休眠期长，耐储藏。食用品质优良，鲜薯干物质含量25.6%，淀粉含量17.5%～19%，还原糖含量0.25%，粗蛋白质含量1.9%～2.28%，维生素C含量14.4～15.4mg/100g鲜薯。植株田间抗晚疫病，轻感花叶病毒病和卷叶病毒病，不抗粉痂病和青枯病。

(2)适应性与产量。适合在无霜期较长、雨多湿度大、晚疫病易流行的山区半山区种植，一般亩产1 500kg，高产的可达2 500kg以上。

2. 大西洋

该品种1978年由农业部和中国农科院从美国国际马铃薯中心引入，在云南、山西等地栽培面积较广。中熟，菜用与加工兼用型品种。

(1)特征特性。生育期90天左右。株型直立，植株分枝中等，株高50cm左右，茎基部紫褐色，茎秆粗壮，生长势较强。叶深绿，复叶肥大，叶缘平展。花冠浅紫色，可天然结实。结薯集中，块茎介于圆形和长圆形之间，大小中等而整齐顶部平，淡黄色薯皮，白色薯肉，芽眼较浅，表皮淡黄色、有轻微网纹，耐贮藏。食用品质优良，淀粉含量18%左右，还原糖含量0.03%～0.15%。适合油炸薯片。抗逆性强,感晚疫病和环腐病,抗花叶病毒病。做好晚疫病防治。

(2)适应性与产量。适应性广,宜选地势高燥、土层深厚的沙壤土。现为宁波等地加工型主栽品种之一。一般亩产 1 500~1 800kg,最高 2 000kg 以上。每亩密度 4 500株左右。

3. 中薯 10 号

由中国农业科学院蔬菜花卉研究所育成。品种来源:F79055×ND860-2。中熟,可作炸片加工专用品种。2006 年通过国家审定。

(1)特征特性。出苗后平均生育期为 85 天。株型直立,生长势中等,株高 52cm 左右。分枝数少,枝叶繁茂中等。茎与叶均绿色、复叶中等大小,叶缘平展。花冠白色,天然结实性强。块茎圆形,淡黄皮,白色薯肉,薯皮粗糙,芽眼浅。匍匐茎短,结薯集中,块茎大而整齐,平均单株结薯数为 3.9 个,商品薯率 83.5%。鲜薯干物质含量 21% 左右,淀粉含量 14% 左右,还原糖含量为 0.17%,粗蛋白含量 2.07%,维生素 C 含量 11.5mg/100g 鲜薯。经室内鉴定植株抗马铃薯轻花叶病毒病 PVX,高抗重花叶病毒病 PVY,轻度至中度感晚疫病。

(2)适应性与产量。适宜在华北中晚熟主产区作炸片加工原料种植生产。一般亩产 2 000kg 左右,大中薯率可达 90% 以上。种植密度每亩 4 500~5 000株。

4. 中薯 11 号

由中国农业科学院蔬菜花卉研究所育成。品种来源:Aminca×Chaleur,中熟,可作炸片加工专用品种,2006 年通过国家审定。

(1)特征特性。出苗后平均生育期为 83 天。株型直立,生长势中等,株高 50cm 左右。分枝数少,枝叶繁茂中等。茎与叶均绿色、复叶中等大小,叶缘平展。花冠白色,天然结实性强。块茎圆形,黄皮白色薯肉,薯皮粗糙,芽眼浅。匍匐茎短,结薯集中,块茎大而整齐,平均单株结薯数为 3.8 个,商品薯率 85.9%。鲜薯干物质含量20.7%,淀粉含量 13.7%,还原糖含量为 0.18%,粗蛋白含量 2.14%，维生素 C 含量 11.8mg/100g 鲜薯。植株高抗马铃薯轻花叶病毒病 PVX，高抗重花叶病毒病 PVY，轻度至中度感晚疫病。

(2)适应性与产量。适宜在华北中晚熟主产区作炸片加工原料种植生产。种植密度以每亩 4 500～5 000株为宜。平均亩产量 1 000～1 200kg。

5. 中薯 13 号

由中国农业科学院蔬菜花卉研究所育成。品种来源：夏波蒂(Shepody)×中薯 3 号。中熟鲜食品种。2007 年和 2009 年分别通过国家早熟组和南方冬作组审定。

(1)特征特性。从出苗到植株枯死 95 天。植株直立，生长势较强，株高 32cm，分枝数少，枝叶繁茂，茎色绿带褐色，叶绿色、复叶大，花冠白色，匍匐茎短，结薯集中，块茎扁长圆形，表皮光滑，芽眼浅，黄皮黄肉，块茎大而整齐，商品薯率 70%。人工接种鉴定：植株高抗马铃薯 X 病毒病、抗马铃薯 Y 病毒病，中度感晚疫病。块茎品质：干物质含量 20.5%，淀粉含量 12.9%，还原糖含量 0.12%，粗蛋白含量 2.24%，维生素 C 含量 12.4mg/100g 鲜薯。

(2)适应性与产量。适宜在中原二作区和南方冬作区种植。种植密度每亩 5 000～5 500株。亩产量1 600～1 800kg。

三、中晚熟品种

1. 中薯 17 号

由中国农业科学院蔬菜花卉研究所育成。品种来源：881－19×中薯 6 号。中晚熟鲜食品种。2010 年通过国家审定。

(1)特征特性。生育期 100 天左右。植株直立，株高 60cm 左右，生长势强，分枝少，枝叶繁茂，茎红褐色，叶绿色，花冠白色，天然结实性差；块茎椭圆形，粉红皮淡黄肉，芽眼较浅；区试平均单株主茎数 2.3 个、结薯数 4 个，平均单薯重 208g，商品薯率 85%。经人工接种鉴定：植株高抗马铃薯 X 病毒病和 Y 病毒病，轻度感晚疫病。块茎品质：淀粉含量 11.5%，干物质含量 20.9%，还原糖含量 0.45%，粗蛋白含量 2.3%，维生素 C 含量 15mg/100g 鲜薯。

(2)适应性与产量。适宜在河北承德、山西北部、陕西榆林、内蒙古乌兰察布等地种植。种植密度每亩 3 500～4 000株。产量 2 000～2 200kg。

2.克新 18

由黑龙江省农业科学院马铃薯研究所，以“Epoka”做母本、“374－128”做父本，经杂交育成。2004 年经福建省审定为“紫花 851”，审定编号为“闽审薯 2004001”；2005 年经黑龙江省审定为“克新 18”。系中晚熟品种。

(1)特征特性。冬种生育期 95 天左右(出苗后到成熟)。株型直立，株高 60cm，株丛繁茂，茎粗壮，复叶肥大，叶色浓绿，茎绿带褐色。花冠深紫红色，开花期长，结实性差。单株结薯 5～7 个，大、中薯率 85%以上，薯块大而整齐，结薯集中。薯块圆形，薯皮黄色、光滑，薯肉淡黄色，芽眼较浅，商品性好。维生素 C 100g 鲜薯 127.51mg，还原糖 0.33%，淀粉含量 15.26%；食味好。抗花叶及卷叶病毒，田间高抗晚疫病。易感环腐病和青枯病。耐贮性强，丰产性好。

(2)适应性与产量。该品种对光周期不敏感，适应性广；一般亩产 2 500kg，最高亩产量可达 3 500kg。常规栽培每亩 4 500株左右，免耕栽培每亩 6 000株左右为宜。

3.新芋 4 号

湖北省恩施地区天池山农业科学研究所(现为南方中心)，1958 年用“阿奎拉”(Aquila)作母本，“疫不加”(Epoka)作父本杂交，1962 年育成，1969 年该所命名。1986 年经湖北省认定。为中晚熟，菜用型品种。

(1)特征特性。生育期 105 天。株型直立，分枝多，株高 50cm 左右，叶深绿色，茸毛多，复叶大，叶缘平展，侧小叶 4～5 对，花序总梗绿色，花柄节无色，花冠紫红色，花冠大，无重瓣，雄蕊橙黄色。柱头 3 裂，无天然结实，块茎短筒形，顶部圆形，皮肉淡黄色，表皮光滑，块大而整齐，结薯较集中；半光生幼芽基部圆形、紫红色，顶部钝形、浅紫色，茸毛少；块茎休眠期较短，耐贮藏。蒸食品质中等；加工品质：干物质 23.1%，淀粉 14.6%，还原糖 0.84%，粗蛋白质 1.76%；较抗晚疫病、环腐病，轻感青枯病，较抗花叶及卷叶病毒病。注意防晚疫病。

(2)适应性与产量。一季或二季均可栽培。主要分布于湖南、湖北、四川、贵州等地，浙江有零星种植。亩产量 1 500～2 000kg，高产可达 3 000kg 以上。每亩种植密度 4 000～5 000株。

四、晚熟品种

1.夏波帝

薯条加工专用型品种。由加拿大福瑞克通农业试验站于 1980 年育成，1987 年引入我国试种。

(1)特征特性。生育期 120 天左右，属中熟品种，株型直立半开展，株高 45cm 左右；茎绿色，茎横断面三棱型。叶色绿，叶缘平展，复叶椭圆形，互生和对生；托叶呈倒卵形。聚伞花序，花蕾椭圆形，绿色；萼片绿色，披针形；花冠浅紫色，花瓣尖，尖端白色。雌蕊花柱中长，柱头圆形，无分裂，绿色；雄蕊 5 枚呈圆锥形，黄色，无天然浆果；薯块长椭圆形，薯肉白色，致密度紧；芽眼浅，芽眼数 (9.30±1.70)个；结薯集中，休眠期(30±2)天。单株产量(0.43±0.01)kg，单株结薯数(4.35±0.26)个，单块薯重(0.10±0.01)kg；薯块中淀粉含量 16.26%，维生素 C 15.47mg/100g，还原糖含量 0.27%，干物质 21.11%；薯块贮藏性中等；抗环腐病。

(2)适应性与产量。该品种对栽培条件要求严格，不抗旱、不抗涝，耐寒性中等，田间不抗晚疫病、早疫病，易感马铃薯花叶病毒病、卷叶病毒病和疮痂病。一般水肥条件下种植亩产 1 500～2 000kg，高产可达 2 000～3 000kg。

2.春薯 4 号

由吉林省蔬菜研究所育成。品种来源：文胜 4 号×克新 2 号。晚熟，鲜食与加工兼用型品种。

(1)特征特性。生育期135天左右。植株直立繁茂,株高80~100cm,茎粗壮,分枝多,叶色深绿,花淡紫色,生长势强,单株结薯多而集中,薯块形成早。扁圆形,大而整齐,白皮白肉或麻皮白肉,薯皮有网纹,薯块形成早,扁圆形,芽眼深度中等,干物质含量24.5%,淀粉含量15.9%,还原糖含量0.46%,粗蛋白含量1.63%,维生素C含量15.9mg/100g。耐贮性好,品质佳,薯肉抗褐变能力强,适宜速冻食品加工。田间高抗晚疫病,对PVY表现过敏抗病,耐PSTV。

(2)适应性与产量。适宜一季作区种植。在黑龙江、吉林、福建和河北北部等地均有种植。高度喜肥水,适宜地力条件好的地块种植。一般亩产鲜薯2 000~2 500kg,每亩种植3 500株左右。

五、特色品种

1.黑美人

(1)特征特性。是从秘鲁引进的一个品种,生育期90天左右,中熟。幼苗生长势较强,田间整齐度好。株型半直立,分枝3~4个,株高32cm,茎、叶绿紫色,叶缘平展,茸毛少,复叶中等,侧小叶2~3对,排列较整齐。花冠紫色,无重瓣,雄蕊黄色,柱头三裂,花粉少,天然结实少。结薯集中,单株结薯6~9个,单株平均结薯473g,薯块长椭圆型,长10cm左右,黑美人最大特色是其皮肉皆为黑紫色,表皮光滑,芽眼数和深度中等。蒸、煮后其肉质部分呈现出宝石兰般晶体亮丽兰紫。块茎休眠期60天左右,耐贮藏。

(2)适应性与产量。适宜高寒阴湿、干旱或半干旱区种植,对早疫病、普通花叶病有较好的抗性。平均亩产1 500kg左右。

2.红云

是湖南农业大学和湖南省马铃薯工程技术研究中心选育的彩色马铃薯品种。

(1)特征特性。全生育期70天左右,早熟。株型直立,株高60cm左右,分枝较少,生长势较强,茎紫色,复叶较大、绿色,心叶紫色。块茎近圆形,块茎较大、大小整齐,表皮红紫色、光滑、芽眼浅，薯肉花紫色，结薯集中，单株结薯 5～7 个。品种特色突出，适合鲜薯食用和加工。

（2）适应性与产量。适宜南方各省种植，适宜播种期为 12 月中下旬，采用地膜覆盖、高垄栽培，单垄双行种植，翌年 4 月中下旬至 5 月上旬收获。每亩栽 4 500～5 500株，一般亩产量 1 500～1 800kg。

3. 紫洋

本品种是湖南农业大学和湖南省马铃薯工程技术研究中心选育而成的彩色马铃薯品种（湘审薯 2011002）。

（1）特征特性。全生育期 80 天左右，早中熟。株型直立，株高 80cm，生长势较强，分枝较少，茎紫色，复叶中等大小、绿色，心叶紫色，叶脉浅紫色。块茎长椭圆形，中等大小，表皮黑紫色、光滑、芽眼浅，薯肉深紫色，结薯集中。单株结薯 6～8 个。抗性较强，商品性好，食用品质佳。适合鲜薯食用和加工。

（2）适应性与产量。南方各省均可种植，适宜播种期为 12 月中下旬，采用地膜覆盖、高垄栽培，单垄双行种植，翌年 4 月中下旬至 5 月上旬收获。每亩栽 4 500～5 500株，一般亩产量 1 600kg 左右。

第四章　马铃薯高效栽培技术

第一节　马铃薯春季露地栽培技术

一、品种选择

应根据不同的产品用途和市场消费习惯选择合适的优良品种。以市场鲜销为主的可选择东农 303、克新 4 号、本地小黄皮、费乌瑞它等品种；以薯片加工为主的可选择大西洋等品种；以薯条加工为主的可选择夏波蒂等品种；以淀粉加工为主的可选择大西洋等淀粉含量较高的品种。

二、整地作畦

1. 田块要求

选择地势高燥、土壤肥沃疏松、排灌方便的田块。马铃薯不耐连作，也不宜与番茄、茄子、辣椒等茄科作物轮作，适宜与水稻、小麦、玉米、大豆等禾谷类、豆类作物轮作。

2. 整地作畦

前茬收获后，及时清除田间杂物，播种前 5～10 天深翻，耙碎整平后开沟作畦。一般采用双行或三行种植，双行种植的畦宽（连沟）1.2m，三行种植的畦宽（连沟）1.8m，其中，沟宽 25～30cm，沟深 25cm 左右，畦面中间略高，呈龟背形。及时开好腰沟和围沟，以利雨后及时排除田间积水。

3. 施足基肥

结合整地作畦施足基肥，一般每亩施充分腐熟有机肥 1 000～1 500kg，加三元复合肥（15－15－15，不含氯，下同）40～

50kg、硫酸钾10～15kg，肥力水平较差的可适当增加基肥用量。播种前再开穴或沟施三元复合肥15～20kg作底肥，但应避免与种薯直接接触。马铃薯为忌氯作物，切忌使用含氯肥料。

三、种薯催芽和切块

1. 种薯要求

选择具有该品种特征，薯块大小均匀，无病斑和虫蛀，无冻伤破损的种薯。生产用种宜从高纬度或高海拔地区调种，或选择脱毒种薯。

2. 催芽处理

马铃薯的催芽方法很多，有晒种催芽法、室内催芽法、赤霉素催芽法、温室大棚催芽法和黑暗催芽法等。一般经5～7天，待芽长0.5～1cm时，将催好芽的种薯摊放在阴凉处（见散射光）炼芽1～3天，使幼芽变绿后即可播种。

（1）晒种催芽法。播前15～20天，将种薯置于15～20℃的条件下催芽，当种薯大部分芽眼出芽时，剔除病薯、烂薯和冻薯，放在阳光下晒种，待芽变紫色时切块播种。春播催芽比不催芽可增产10%以上，催芽堆放以2～3层为宜，不要太厚，催芽期间要经常翻动块茎，使其发芽均匀粗壮。

（2）室内催芽法。选择通风凉爽、温度较低的地方，将种薯放在室内用湿润沙土分层盖种催芽，堆积3～4层，上面盖稻草保持水分，温度保持在20℃左右。

（3）赤霉素催芽法。用5～8mg/kg的赤霉素浸泡种薯或薯块0.5～1.0h，捞出后随即埋入湿沙床中催芽。沙床应设在阴凉通风处，先铺沙10cm，再1层种薯1层沙，共铺3～4层，最上层用湿沙封平后覆盖一层湿稻草降温保湿，直至种薯发芽。

（4）温室大棚催芽法。在塑料大棚内远离棚门一端，地面先铺一层种薯或薯块，再铺一层湿沙，再铺一层种薯，一直可连铺3～5层薯块，最后在上面盖草帘或麻袋保湿，但不能盖塑料薄膜。如果地面过干，铺种薯前先喷洒少量水使之略显潮湿后再铺种薯。

（5）黑暗催芽法。根据品种与播种期，在播前15～20天，将种薯放于黑暗处，保持温度15～20℃，相对湿度75%～80%室内进行催芽。

3.种薯消毒与切块处理

应视种薯大小决定是否进行切块。一般种薯较大的需要切块处理，50g以下小整薯无需切块处理，可经整薯消毒后直接播种。

(1)整薯消毒。整薯消毒一般可用0.3%～0.5%的福尔马林浸泡20～30min，取出后用塑料袋或密闭容器密封6h左右，或用0.5%硫酸铜溶液浸泡2h进行消毒，也可以用50%多菌灵500倍液浸种15～20min进行种薯消毒处理。

(2)种薯切块。切块时间一般在催芽或播种前1～2天进行，常用切块方法是顶芽平分法，切块应切成立块，多带薯肉，大小以20～30g为宜，且每个切块至少带有1～2个芽眼，芽长均匀，切口距芽眼1cm以上。一般50g左右小薯纵切一刀，一分为二；100g左右的中薯纵切二刀，分成3～4块；125g以上的大薯，先从脐部顺着芽眼切下2～3块，然后顶端部分纵切为2～4块，使顶部芽眼均匀地分布在切块上。切块时随时剔除有病薯块。切块用刀具需用75%酒精浸泡或擦洗消毒。

(3)薯块处理。切后种薯块要及时做好防腐烂处理，可用70%甲基托布津2kg加72%的农用链霉素1kg与石膏粉50kg混拌均匀或用干燥草木灰消毒，边切边蘸涂切口。最后将薯块置于通风阴凉处摊开，使切口充分愈合形成新的木栓层后再行催芽或播种。切块前要先晒种2～3天。

四、播种

1.播种期

春播马铃薯露地栽培播种期一般为终霜日向前推30天，浙东平原地区1月底至2月中旬为播种适期，半山区、山区可适当延迟播种。播种宜选择在晴天进行，连阴雨或下雪天不宜播种。

2.播种密度与方法

马铃薯播种密度因气候、土壤条件、品种、种薯大小等因素不同而异。一般根据预定畦面宽度，按行株距 50cm×(25～30)cm 开沟或挖穴，沟(穴)深 7～10cm，每亩栽种 4 500～5 500株，用种量在 150kg 左右。气候条件较好、土壤肥沃、中晚熟品种、薯块较大的可适当稀植，反之则宜适当增加种植密度。播种时薯块芽眼朝上平放，不能碰掉芽，播后每亩用 750～1 000kg 焦泥灰或细土覆盖，覆土厚度 1.5～2.0cm。

五、田间管理

1. 追肥浇水

追肥视苗情而定，宜早不宜迟。一般当马铃薯出苗后齐苗前，每亩可用尿素 2～3kg 加水 200～300kg 追施，或齐苗后 10 天左右，行间撒施三元复合肥，每亩 15～20kg。封行后，视苗情可根外追肥 1～2 次。追肥须在露水干后进行。大西洋等易出现空心的品种，一般不单独使用尿素或碳铵作追肥，可改用叶面喷施磷酸二氢钾等，以免氮肥施用过多影响薯块品质。

在整个生长期土壤含水量保持在 60%～80%。出苗前不宜灌溉，块茎形成和膨大期不能缺水，成熟期适当控制浇水，浇水时忌大水漫灌。结合培土及时清沟排水，做到雨后田间无积水。

2. 中耕除草与培土

除草采用人工拔除与化学防治相结合。出苗前可采用二甲戊灵等除草剂封土处理；单子叶杂草较多的田块可选用高效氟吡甲禾灵等药剂喷雾。齐苗后封行前，结合中耕除草及时培土 1～2 次，防止薯块膨大土层开裂或雨水冲刷，导致薯块见光后表皮转绿，产生青皮薯，降低马铃薯商品性。尤其是对薯块较大、见光后表皮极易转绿的品种，应予以高度重视，及早做好培土工作。

3. 冻害预防

为防止早春冻害发生，可在寒流来临前，叶面撒施草木灰，或覆盖稻草、杂草、无纺布等材料保温，待冷空气或霜冻过后及时揭除，然后视苗情进行根外追肥，促进植株快速恢复生长。

4.化学调控

对生育中期生长过旺出现徒长趋势的田块,可在初花期每亩用5%多效唑可湿性粉剂15～20g对水50kg茎叶喷雾,不漏喷、重喷,以协调地上与地下生长平衡。

六、病虫害防治

参阅本书第八章。

七、采收和贮运

参阅本书第九章。

第二节　马铃薯秋季露地栽培技术

一、品种和种薯要求

秋马铃薯生育期较短,前期气温高生长快,后期低温生长较慢,宜选用早熟或中早熟品种,并以小整薯催芽播种为好。选择种薯时,要严格去除畸形、芽眼坏死、有病斑或脐部黑腐的薯块。生产用种宜从高纬度或高海拔地区调种,或选用脱毒种薯,也可利用当年收获的单个重30～50g的春马铃薯整薯作种薯。整薯播种是控制环腐病、青枯病等细菌性病害,减少烂薯死苗缺株,保证全苗、壮苗,夺取秋马铃薯高产的最为有效的技术措施之一。

二、催芽处理

秋马铃薯整薯播种,发芽较慢,需进行催芽处理。一般采用室内催芽法、赤霉素催芽法或黑暗催芽法进行催芽。具体催芽方法见第一节春马铃薯栽培技术。

三、严格控制播种期

秋播马铃薯以平均温度低于25℃时播种为宜,根据宁波等地生产实践,以8月下旬至9月上旬播种为宜,山区、半山区气温较平原略低,可适当提早播种。秋马铃薯若播种过早,因土温高,易造成田间烂薯缺苗,而且出苗后受高温影响,薯苗生长瘦弱、茎节细长、发病重、生长中后期易早衰,导致产量低、品质差。播种过迟，则营养生长不足，块茎膨大时间过短，后期易遭受早霜冻害，产量品质下降，商品率低。

四、合理密植

秋马铃薯整个生育期约80天左右，较春马铃薯明显缩短。在其前期生长受高温抑制，在其后期又极易遭早霜寒流影响，单株产量也明显降低。因此，必须适当提高播种密度，以提高单位面积产量。根据多年的试验研究，秋马铃薯可采用缩小株距的办法，即行株距紧缩为50cm×(20～25)cm，每亩密度控制在5 500～6 500株。播种选择在阴天或早晚气温较低时进行为宜，若土壤过分干燥，还应当适量浇水使土壤湿润后再播种。

五、田间管理

1.追肥

秋马铃薯生育期明显缩短，前期气温高生长快，后期低温生长缓慢，因此在施肥上应掌握重施基肥、早施追肥，以促使前期有足够的营养生长，搭好丰产架子。一般要求亩施充分腐熟有机肥1 000～1 500kg、三元复合肥40～50kg作基肥。提倡施用商品有机肥作基肥，一般每亩用量为250～300kg。齐苗后每亩追施尿素10kg。膨大肥应看苗适施，以钾肥为主，封行后可叶面喷施磷酸二氢钾等进行根外追肥，以保证秋薯生长有充足的养分供应。

2.水分管理

出苗前土壤始终保持湿润，一般要求田间持水量控制在60%左右，遇干旱天气应及时畦面浇水或畦沟灌水，严禁大水漫灌。生长中期适当浇水，保持土壤湿润，保持田间持水量控制在70%～80%。生长后期一般不浇水。整个生长期及时清理田间沟渠，雨后及时排除田间积水，以免田间湿度过大，加重病害发生和薯块腐烂。

3.防徒长

秋马铃薯一般生长不会过旺，无需进行化学调控。对长势较旺有徒长趋势的田块，可在初蕾期用5%多效唑可湿性粉剂15～

20g 对水 50kg 茎叶喷雾控苗，不漏喷重喷，以促进营养生长快速向生殖生长转移。

4. 秋延防冻

为夺取秋马铃薯优质高产，须重点抓好后期的秋延防冻工作。要求在 11 月下旬早霜来临前，及时在畦面搭建小拱棚或简易大棚，以防止后期冻害，延长秋马铃薯的生长期。也可撒施草木灰，或用稻草、杂草、塑料薄膜等覆盖，待冷空气或霜冻过后及时揭除，然后视苗情进行根外追肥。一般在搭棚后，秋马铃薯可延迟 1 个多月采收，不但产量能成倍增加，而且市场收购价格也能提高 30％～50％，经济效益十分显著。

5. 其他管理

秋马铃薯生长前期气温高，且期间常有台风暴雨天气，杂草易滋生蔓延。同时，暴雨易冲刷畦面泥土，造成后期薯块外露，必须及时做好中耕除草和培土等日常工作。

六、病虫害防治

秋马铃薯现蕾期和开花期雨水较多，易发生病害，要及时做好防治工作。主要病虫害及防治方法参阅本书第八章。

七、采收和贮运

参阅本书第九章。

第三节　马铃薯地膜覆盖栽培技术

马铃薯地膜覆盖栽培技术是一项提高地温、蓄水保墒、改良生态环境、增加产量、改善品质、促进早熟、提高经济效益的实用高效栽培技术。

一、地膜覆盖的作用

1. 充分利用太阳能，提高地温

地膜覆盖能充分利用太阳能，储藏光热于土壤中，使地表温度提高 0.4～7.3℃，地下 10cm 深处提高 0.9～5℃，从而有效地促进种薯萌发和根系生长，加快植株营养器官生长的速度。

2.减少水分蒸发，提高土壤含水量

地膜覆盖后能提高土壤热容量，能使膜内土壤水热状况较长时间保持稳定，给马铃薯根系生长创造一个较好的环境条件。同时地膜覆盖后能抑制土壤水分蒸发并使土壤深层水分向土壤表层聚集，明显提高耕层土壤含水量。据测定，地膜覆盖比露地土壤含水量可高出3～6个百分点。

3.改善土壤理化性状，抑制病虫草害发生

地膜覆盖避免了风、雨对土壤的侵蚀和中耕等人为的践踏，使土壤小环境状况得到改善，加强了土壤生物和微生物活性，改善了土壤的理化性状，加速有机质分解，并能抑制杂草和减轻病虫害的发生危害，从而为马铃薯生长发育创造良好条件。

4.提高产量，增加效益

地膜覆盖能使冬春马铃薯适当提早播种促进早熟、秋马铃薯收获适当延后提高产量。与露地栽培相比，一般能提早10～15天成熟，增加单产15%～30%，产值增加1倍以上。

二、地膜覆盖栽培技术要点

1.选用优良品种脱毒种薯

地膜覆膜是高产的关键。但要达到高产的目的，首先要选好良种，并采用脱毒种薯或直接从高纬度或高海拔地区调来适栽品种的原种小整薯作为种薯。播种前还应对种薯进行精选，同时进行催芽处理，以促进幼芽提早发育并减轻环腐病、晚疫病等的危害。

2.田块选择

如利用收割后的晚稻田种植马铃薯，应选择土质疏松、通透性好、排水方便的微酸性轻沙壤土或壤土。土质黏重，通气不良、透水性差的土壤，不利于薯块的发育。旱地种植马铃薯，忌连作，不宜选择前茬作物为茄科以及其他块根、块茎作物田块种植马铃薯。

3.深耕作畦

深耕可为马铃薯的根系生长发育和薯块膨大创造良好的条

件,一般要求深耕 30cm 左右。结合整地,重施基肥,一般可亩施充分腐熟有机肥 1 500～2 000kg、三元复合肥 40kg、硫酸钾 10kg。然后敲碎泥块,整平畦面。大多采用宽畦双行密植栽培,畦宽80～100cm,沟宽 25～30cm,沟深 25cm 左右。

4.适时播种

浙东平原地区冬春马铃薯地膜覆盖栽培播种适期为 12 月下旬至翌年 1 月中旬,山区、半山区可适当延迟。地膜覆盖栽培的播种期要充分考虑马铃薯出苗期,保证出苗期必须已过断霜期,以免出苗时遭受晚霜冻害。选择晴好天气播种,播种密度以 4 500～5 500 株/亩为宜,亩用种量大体掌握在 150kg 左右,可根据气候、品种、土壤条件等不同而作适当调整。播种方法同春马铃薯露地栽培。

5.覆盖地膜

播后要立即覆盖地膜,四周用泥土压紧压实,达到“紧、平、严”的要求,以减少土壤水分蒸发和地膜被风吹开。如果土壤较干燥,可适当浇水后或待雨后土壤湿润再覆盖地膜,以增加土壤水分,促进马铃薯出苗。

6.田间管理

(1)破膜放苗。马铃薯出苗后要及时破膜放苗,破口要小,周围用土封好,以保膜内温湿度。

(2)肥水管理。地膜覆盖栽培,施足基肥后一般不追肥,若生长偏弱,可在蕾期每亩用尿素 10～12kg 打孔穴施或对水浇施。也可以在叶面喷施磷酸二氢钾等根外追肥,以补充后期养分不足。马铃薯生长前期要控制水分,以防幼苗在高温、高湿、高肥条件下徒长;中后期植株生长旺盛、薯块膨大,需水量大,可视土壤墒情适当灌水;成熟期适当控水。结合培土及时清理沟渠,以防田间积水。

(3)培土除草。结薯期若有小薯露出土面或裂缝较大,要及时掀起地膜培土,然后重新盖严地膜,以免薯块见光发绿,影响商品性。地膜覆盖前,畦面用除草剂封土处理,以利于覆膜后田间杂草能得到有效抑制。地膜覆盖栽培的，整个生长期间一般无需除草。若畦沟杂草较多或从破口处长出，可人工及时拔除。

(4)其他管理。同春马铃薯露地栽培管理。有关马铃薯地膜覆盖栽培病虫害防治参见本书第八章；有关采收与贮运技术详见本书第九章。

第四节　马铃薯稻草全程覆盖免耕栽培技术

马铃薯稻草全程覆盖免耕栽培技术是一项省工、省力、高产、高效的栽培新技术(图 4-1)。这项技术实行免耕栽培，用稻草全生育期全程覆盖栽培马铃薯，改“埋薯”为“摆薯”、“挖薯”为“捡薯”，其操作技术特点可形象地概括为“摆一摆、盖一盖、拣一拣”，省去了传统种植马铃薯需要翻耕土地、开沟整畦、开穴下种、盖膜破膜、中耕除草、追肥培土和挖薯等复杂工序，减少了化肥和农药的用量，有利于节省农业生产成本，减轻农民的体力消耗，又有利于生产无公害绿色食品；同时避免稻草焚烧带来的污染，保护了生态环境，且马铃薯提早上市，市场价格高，经济效益好，具有很好的推广应用价值。该项技术自 21 世纪初试验示范以来，推广应用速度十分迅猛。

图 4-1　马铃薯免耕栽培

一、品种和种薯处理

采用免耕栽培，马铃薯生育期比常规栽培明显缩短，因此，宜选用产量高、抗逆性强的早熟或中熟优良品种。小整薯或大种薯切块后催芽播种，具体要求和方法同春马铃薯。

二、田块要求

宜选择耕层深厚、土壤肥沃疏松、排灌良好、富含有机质的中性或微酸性稻田进行种植。晚稻收割前不灌水，保持土壤湿润即可，以田面开细裂但不陷脚为宜。收割时稻桩不宜过高，以留桩8～10cm为好。

三、播种准备

播种前先挖好腰沟和回沟，然后划线分畦播种，畦宽1.5～1.8m，沟宽25～30cm，沟深25cm左右，每畦种植3～4行。若畦面上有较多前作水稻农事操作时留下凹坑，则播种前须削沟边稻桩、泥块填平低洼处，使畦面略呈龟背形，以免积水。杂草较多的田块，可在播种前7～10天，用草甘磷等化学除草剂全田除草。

四、适期播种

免耕栽培马铃薯播种时间与春马铃薯相同，采用稻草和地膜双重覆盖栽培的可适当提早播种。播种时按行距40～50cm、株距25～30cm摆放种薯，畦边各留20cm左右不播种，一般每亩摆放密度5 500株左右。播种时芽眼朝上、切口朝下，将种薯直接摆放在土表，并轻压使种薯与土壤紧密接触，以利生根出苗。

五、施足基肥

马铃薯免耕栽培一般不施追肥，因此播种前须一次性施足基肥。一般每亩施充分腐熟有机肥1 500～2 000kg、三元复合肥50kg，基肥使用时，充分腐熟的有机肥可作为盖种肥覆盖在种薯上，但复合肥须施在两种薯中间，且保持5cm以上距离，以防止化肥直接接触种薯，引起烂种烧芽。

六、适时覆盖

1. 覆盖稻草

种薯摆放好后，要及时进行稻草覆盖，覆盖的厚度，经生产实践与大量的试验证明，以10cm左右最为适宜。如过厚，会影响出苗；如过薄，则易造成青皮薯。覆盖的方法，通常的做法是全畦覆盖，一般3亩田稻草可覆盖1亩马铃薯。浙江省农业厅农作物管理局通过试验,作了改良,改全畦覆盖为条状覆盖,方向与畦平行,根部和顶部相接,覆盖要均匀不留空隙,采用此法,稻草用量可减少2/3。每1亩田的稻草即可满足种植1亩田马铃薯的需要(表4-1)。

表4-1 稻草不同覆盖厚度的出苗速度和绿薯率比较

覆草厚度	播种至出苗天数(天)	绿薯率(%)
11cm以上	21.2	0
10cm	16.5	5
8～9cm	20.1	36.81
6～7cm	21.6	85.13
6cm以下	23.8	100

2.开沟覆土

开沟覆土是指将开沟挖起的泥土均匀抛撒在畦面上。通常的做法是播种前开沟,将挖起的泥土摆放在畦面上,使畦面呈弓背形再摆种。浙江省农业厅农作物管理局和宁海县农技总站通过试验,认为不一定要在播种前开沟,播种前只需填平前作水稻农事操作留下的脚坑即可。播种前拉线划畦印,播种时直接将马铃薯种放在畦面,覆盖稻草后再开沟,将泥土压在稻草上,这样可以增加覆盖在稻草上的泥土量,防止稻草被大风括走,还能加快稻草腐烂,更好地防止绿薯发生。

3.覆盖地膜

采用稻草和地膜双重覆盖,能有效提早马铃薯播种期和上市期,是夺取马铃薯高产高效关键技术之一。在具体操作上,通常的做法是播后立即覆膜,浙江省农业厅农作物管理局和宁海县各地对此也进行了改良:改播后立即覆膜为适当推迟覆膜。春马铃薯促早栽培一般在12月下旬播种,而覆盖地膜时间则要推迟1个月，到1月下旬再覆膜，目的是尽量利用这一个月左右的降雨，使稻草及泥土充分吸足水分，能有效解决稻草过干影响出苗的问题，同时还有利于防止出苗过早遇初春晚霜及低温容易产生冻害的问题。

覆膜后结合清沟，将沟中泥土压在地膜周围，压紧压实，以防止大风吹开地膜。地膜覆盖宜选择在雨后进行，以确保土壤、稻草及膜下有足够的水分，能促进出苗。

七、田间管理

1.破膜放苗

出苗后适时破膜放苗，防止膜内温度过高引起烧苗。破口不宜过大，放苗后立即用湿泥封实破口，防止冷空气进入，降低膜内温度，或遇大风引起掀膜。

2.合理控苗

马铃薯初蕾期，长势旺的田块，喷施一次多效唑，浓度宜200 mg/kg，以控上促下，促进块茎膨大，提高产量。喷施时应注意不重喷、不漏喷。

3.水分管理

新覆盖稻草吸水较多，土壤容易干燥，需适当浇水。地膜覆盖的则可采用灌半沟水补充水分，使水分慢慢渗入畦内，土壤湿润后及时排水，要避免浇（灌）水过多，造成烂种死苗。稻草腐烂后，保水性明显增强，一般无需再补充水分。

八、病虫草害防治

马铃薯稻草全程覆盖能保墒，抑制杂草生长，一般不用除草，但要做好晚疫病、青枯病、环腐病、地老虎等病虫害防治工作。具体防治方法详见本书第八章。

九、采收和贮运

稻草覆盖免耕栽培的马铃薯，有70%以上薯块生长在地面上，块茎很少入土，收获时只需将覆盖的稻草翻开，拣拾薯块即可，可随翻随拣。其采收、贮藏、运销技术详见本书第九章。

第五节　马铃薯设施栽培技术

马铃薯设施栽培主要是利用大(中)棚、小拱棚等设施条件,进行早熟、特早熟栽培,春提早或秋延后栽培,实现马铃薯高产高效的目的。本节重点介绍马铃薯大棚和小拱棚设施栽培技术。

一、品种选择

设施栽培马铃薯一般以提早成熟、市场鲜销为目标,宜选择品质好、抗性强、产量高、生育期较短的早熟、特早熟品种,如中薯3号、东农303等。

二、种薯挑选

马铃薯设施栽培投入大、效益高,对种薯要求更加严格。一般要求选用从高纬度或高海拔地区调来的原种,或选用脱毒马铃薯作种薯。挑选单个重30～50g的整薯作为种薯,以充分利用其顶芽优势,出苗早、芽粗壮、植株生长势强,地下块茎膨大形成速度快,能取得更高产量。过小的块茎做种薯,薯块幼嫩、所含养分不足、休眠期偏长,易导致马铃薯出苗晚、长势弱;过大块茎做种薯,则成本过高,造成浪费。播种前20天左右,选择皮色正常、表皮光滑、大小适中、芽眼明显、符合该品种特征的薯块做种薯,剔除有病虫害、畸形、龟裂、破损的劣薯。

三、催芽处理

马铃薯设施栽培播种期较露地明显提早,种薯一般尚未发芽或芽长不足,需进行催芽处理,具体催芽方法参照本书第四章第一节。

四、设施搭建

1.大棚搭建

选择地势高燥、土壤肥沃疏松、排灌方便,前茬为非茄科作物的水稻田或旱地搭建大棚为好。标准钢管大棚、竹木结构大棚或简易钢大棚均可。生产上大多选用GP－825或GP－622型单栋塑料钢管大棚,大棚拱架跨度 8m 或 6m、顶高 2.5m 或 3.0m,肩高 1.5m 或 1.6m。大棚需在播种前 20 天搭建完成,以南北走向为好,棚与棚保持 1m 以上间距,以增加大棚光照,减少遮荫,并利于田间操作。

2.小拱棚搭建

小拱棚一般采用 5～8cm 宽毛竹片或小竹竿作骨架,每 1.0～1.5m 间距插一根,拱架高度 50cm 左右,宽度可根据拱架长度和覆盖行数灵活掌握,一般一个拱棚覆盖两行或四行马铃薯。为提高拱棚牢固程度,可在棚的顶点用塑料绳固定串在一起,并在畦的两头拉紧打小木桩固定。播种后及时搭建小拱棚并扣盖棚膜,用土将拱棚膜四边压紧压实,尽量作到棚面平整。

五、整地作畦

播种前 15～20 天深翻,结合整地施足基肥,肥料种类、用法、用量与春马铃薯基本相同。大棚内严禁施用未经充分腐熟的有机肥,以免有机肥在大棚内发酵产生有毒有害气体,对马铃薯造成危害。深沟高畦栽培,一般 6m 宽大棚作三畦、8m 宽大棚作四畦,畦沟宽 25～30cm、深 30cm。

六、适时播种

马铃薯"三膜"(大棚膜＋小拱棚膜＋地膜)覆盖栽培的,可在 11 月下旬至 12 月上旬播种;"双膜"(大棚膜＋地膜)覆盖栽培的可在 12 月上旬至翌年 1 月上旬播种。小拱棚马铃薯在 1 月上中旬播种。种植面积较大的,可在播种适期内分期分批播种。

七、播种密度与方法

一般每畦种植 3～4 行,株距 30cm 左右,每亩种植 4 500～5 500株,每亩用种量 150～200kg。播种时先按规定密度开好播种穴,穴深约 7～10cm,然后将种薯放入穴中,薯芽朝上,施好种肥后覆盖细土或焦泥土,覆土时不要碰掉薯芽,覆土厚度以不见薯芽为宜。最后畦面覆盖地膜,四周用泥土压紧压实。

八、田间管理

1.破膜放苗

采用地膜覆盖的，当马铃薯出苗率达50%以上时，应及时破膜放苗，破口周围用细泥封好。

2.温湿度管理

春播大棚、小拱棚马铃薯播种后应及时覆盖棚膜保温、保湿，以促进早出苗。当70%种薯出苗后注意揭膜通风降温，防止烧烫伤苗。大棚马铃薯生长前中期棚内温度白天控制在16～22℃、夜间12℃左右；生长中后期棚内温度白天控制在22～28℃、夜间16～18℃。小拱棚马铃薯当平均气温稳定在15℃以上时，可撤去小拱棚膜进入露地栽培管理。

马铃薯生长期间尽可能降低棚内湿度，将相对湿度控制在60%左右，以减轻病害的发生和蔓延。追肥、浇水、防病应选择宜在晴好天气中午前后进行，结束后及时通风降湿。

3.肥水管理

在施足基肥的前提下，一般生长期不用追肥。如肥力不足，叶色落黄，可适时追肥1～2次，每亩每次施三元复合肥7.5～10kg，打孔穴施或对水浇施。封行后，视苗情根外追施1次磷酸二氢钾液。大棚、小拱棚内温度相对较高，水分散发快，应根据土壤墒情及时补充水分，使整个生长期保持土壤湿润，土壤含水量控制在60%～80%。收获前7～10天停止浇水，以利贮藏。

4.中耕培土

大棚、小拱棚马铃薯一般无需中耕除草和培土，若发现有因播种过浅或覆土太薄出现薯块裸露或较大裂缝时，应及时培土，以防止产生青皮薯。

九、病虫害防治

除地老虎、蛴螬等地下害虫外，大棚马铃薯病虫害一般较轻。有关马铃薯病虫害及防治方法详见本书第八章。

十、采收与贮运

有关马铃薯采收、贮藏、运销技术详见本书第九章。

第六节　马铃薯种植中常见问题与不良现象

随着马铃薯面积的不断扩大，种植者经验越来越丰富，但问题也相伴出现，品种退化、品种选择不当、轮作倒茬不合理、播种薯块过小、施肥不当、收获不及时等常有出现；在生长发育过程中，由于各种原因也会出现许多不良现象，如品种混杂、质量变差（块茎空心、青头、畸形等），不仅影响了马铃薯的产量和品质，同时也挫伤了农民种植积极性。

一、马铃薯种植中常见问题及解决对策

1.品种退化、品种选择不当和品种混杂

品种退化是一个全世界普遍存在、制约马铃薯产业发展的问题，是正在谋求解决并带有全球性的重点问题。

品种选择不当同样也是制约产业发展的问题。由于气候条件等原因，有的地方由于没有选对品种，作物换季时马铃薯还没有成熟就采收，导致减产；有的地方由于信息不灵或思想保守，没有及时对品种更新换代，致使产量停滞不前。

品种混杂现象近年表现也较突出，特别是有自留种薯习惯的地方，连续使用几年后的种薯，在田间所长植株除了出现退化现象外，还常常出现不同于原品种的植株。它们长相不一样，高矮不一致，叶色不相同，花色也各相异，分枝有多有少，成熟有先有后，薯形有大有小，单株产量多少不一，导致马铃薯产量、品质下降、产值降低。

要解决品种退化问题，必须采取有效措施：一要建立种薯繁殖基地，采取分级繁育制度；二要加强技术指导，组建种薯生产专业组织，确保品种净化，防范出现品种混杂退化现象。

2.轮作倒茬不合理

马铃薯是忌重茬的作物，多年连作产量会越来越低、病虫害发

生严重。据调查：连作 8 年的马铃薯地块，疮痂病发病率高达 96%，而中间接种一季萝卜，再种马铃薯，疮痂病发病率就显著下降，仅为 28%；青枯病发病率也同样，连作田块明显高于轮作。马铃薯应与小麦、玉米、谷子等作物轮作为好，切不可与茄科作物如茄子、西红柿、辣椒等交叉倒茬，因为与茄科作物有同类传染病交叉感染。如因土地等原因实在不能倒茬，就一定要注意以下两点：一是根据马铃薯需肥特点施肥；二是特别注意各种传染病防治。措施有：一是选用脱毒种薯；二是搞好田间监测，发现病情及时防治。

3. 种块太小

有的为图省钱，播种时专买小块种薯，认为有一个芽眼挖一块，大小块种薯长出土豆来都一样；有的本来种薯块不大，只把芽眼周围的薯肉带芽眼挖成很小的小种块，而余下的食用。其实这些作法都会造成马铃薯出苗不齐，幼苗生长细弱而减产。据国内外试验资料表明，大芽块要比小芽块抗旱能力强，出苗整齐健壮。大芽块平均每块可长出 1.8～2.4 个芽条，而小芽只有 1～1.1 个芽条。产量对比，种块重 14g 的每亩产量 1 440kg，而种块重 56g 的每亩产量达 2 144.7kg，大种块比小种块增产 48.9%。国内试验用质量 30g 的与质量 10g 的种块播种进行了对比，30g 质量的种块播种比 10g 的种块播种要增产 32.6%以上，原因很简单，一句话就是“母大子肥”的道理。

4. 播种过密

20 世纪 70 年代前，种植马铃薯由于肥料少，营养不足，地力不佳，芽块太小等原因，马铃薯单株生产能力不高，为了提高产量，有的地方采取密植的方法，增加单位面积株数，以多为胜，提高产量，有的密度达每亩 6 000～7 000株。结果由于密度过大，地上植株拥挤，节间长、茎秆高而细弱，枝叶互相交错，遮挡阳光，影响了叶片营养的制造，而地下部分由于垄小棵密，营养面积太小，也出现块茎生长空间不够的现象，结果地上部分倒伏，下部枝叶死亡腐烂，引发病害，小薯率高，导致减产。因此，无论栽种什么品种一定要根据品种特性合理密植。

5.播种过浅或覆草过薄

马铃薯采用常规开穴播种，栽种过浅现象较多。栽得过浅，可造成结薯外露、青头，地下匍匐茎外露不能结薯。播种过浅，根系也扎得浅。使其吸肥吸水能力降低。植株不壮影响产量。较为合理的播种深度为10cm左右，再加上中耕培土后。总埋深达15～20cm比较合理。

马铃薯采用免耕播种，覆草过薄，也是常见现象。覆草过薄会造成漏光，形成绿薯，降低品质。一般要求稻草覆盖厚度以10cm左右为宜。

6.施肥不合理

氮肥在马铃薯生长中起很重要的作用。施用氮肥后，叶色浓绿，因此农民多注重于氮肥的施用。但从生理上分析，马铃薯一生中需钾最多，氮次之，磷素最少，氮、磷、钾的比例为2.5∶1∶5。而且在肥料的利用上，氮肥当年利用率60％、磷肥20％、钾肥50％。因此，一定要科学施肥，合理配比，切忌因氮肥过多造成茎叶徒长而减产。

7.收获不适时

马铃薯地上的茎叶由绿变黄，叶片脱落，茎枯萎，地下块茎停止生长，这时的产量达到最高峰，是收获的适期，但在实际生产中往往出现收获不适时现象，具体表现如下。

(1)无霜期较短、霜冻来得早的地方，没有采取药剂杀秧、轧秧、割秧等办法提前催熟，及早收获，以致遭受了霜冻损失。

(2)在城郊蔬菜供应区域，没有抓住商品成熟期进行收获，而是选择生理成熟、产量最高时收获，导致高产低价。

二、马铃薯栽培中出现的不良现象

1.块茎畸形

在收获马铃薯时，经常可以看到与正常块茎不一样的奇形怪状的薯块，如有的薯块顶端或侧面长出一个“小脑袋”，有的呈哑铃状，有的在原块茎前端又长出一段匍匐茎，茎端又膨大成块茎形成串薯，也有的在原块茎上长出几个小块茎呈瘤状，还有的在块茎上裂出一条或几条沟，这些奇形怪状的块茎叫畸形薯，或称为二次生长薯或次生薯（图4－2）。

发生畸形薯的原因主要是由块茎的生长条件发生变化造成的。薯块在生长时受到抑制，暂时停止了生长，如遇到高温和干旱，地温过高或严重缺水。后来，生长条件得到恢复，块茎也恢复了生长，形成了明显的二次生长，出现了畸形块茎。

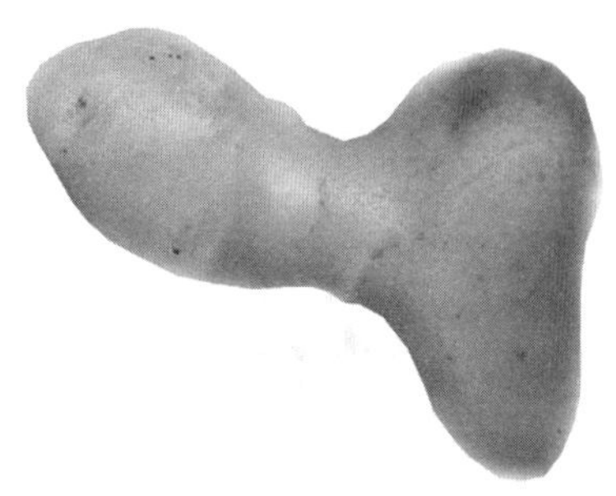

图4－2　畸形的块茎

在田间高温和干旱时，容易出现块茎畸形，所以在生产管理上要特别注意尽量保持条件稳定，适时灌溉，保持适量的土壤水分和较低的地温。同时注意不要选用二次生长严重的品种。

2. 块茎青头

在收获的马铃薯块茎中，经常发现有一端变成绿色的块茎。这部分除表皮呈绿色外，薯肉内2cm以上的地方也呈绿色，薯肉内含有大量茄碱（龙葵素），味麻辣，人吃下去会中毒，症状为头晕，口吐白沫。青头现象使块茎丧失了食用价值。

发生青头的原因主要是播种深度不够，或在免耕栽培时覆草厚度太薄，或垄小、培土薄或是有的品种结薯接近地面，块茎又长得很大，露出了土层，或将土层顶出了缝隙，阳光直接照射或散射到块茎上，使块茎的白色体变成了叶绿体，使组织变成绿色。

减少青头现象，关键是要减少块茎的裸露，种植时应当加大行距、播种深度和培土厚度。免耕覆草栽培要确保全畦覆盖，盖草厚度保持10cm左右。

3. 块茎空心

把马铃薯块茎切开，有时会见到在块茎中心附近有一个空腔，腔的边缘角状，整个空腔呈放射的星状，空腔壁为白色或浅棕色。空腔附近淀粉含量少，煮熟吃时会感到发硬发脆，这种现象就叫空心，一般个大的块茎空心率高（图 4－3）。空心块茎表面和它所生长的植株都没有任何症状，但空心块茎对质量有很大影响，用来炸条、炸片，会使薯条的长度变短，薯片不整齐，颜色不正常。

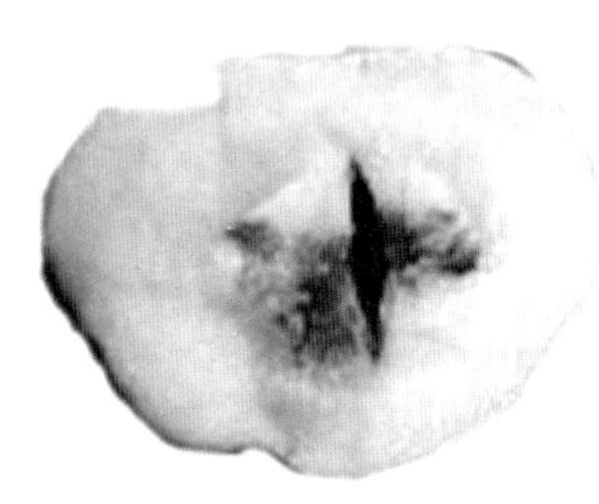

图 4－3　空心马铃薯

块茎发生空心的原因，主要是马铃薯生长过程中，突然遇到极其优越的生长条件所造成的。此时，块茎极度快速地膨大，内部营养转化再利用，逐步使中间干物质越来越少，组织被吸收，从而中间形成空洞。一般地说，在马铃薯生长速度比较平稳的地块里，空心现象比较少。在种植密度结构不合理的地块，如种得太稀或缺苗太多，造成生长空间太大，都会使空心率增高。钾肥供应不足，也是导致空心率增高的一个因素。此外，空心率高低也与品种特性有一定的关系。

为防止马铃薯空心现象发生，首先应选择空心发病率低的品种；其次应适当调整密度，缩小株距，减少缺苗率，使植株营养面积均匀，保证群体结构的良好状态；在管理上保持田间水肥条件平稳；增施钾肥等。

第五章　马铃薯高效栽培模式

第一节　“春马铃薯—早稻—秋马铃薯”高效栽培模式

“春马铃薯—早稻—秋马铃薯”高效栽培模式，可充分利用温、光、水、土等自然资源，实行马铃薯与水稻水旱轮作，一年三熟，高产高效。该模式在宁波各地均有推广应用。一般年份春马铃薯每亩产量1 500kg左右、早稻谷450～500kg、秋马铃薯1 200kg左右，每亩总产值在7 500元以上，高的年份可达万元以上，是较为典型的“千斤粮万元钱”生产模式，对稳定发展粮食生产具有重要意义。

一、茬口安排

“春马铃薯—早稻—秋马铃薯”模式，春马铃薯大多采用地膜覆盖栽培，1月上旬至2月上旬播种，要求在5月中旬前收获；也可采用稻草全程覆盖免耕栽培，则马铃薯采收时间可提早10天以上。早稻一般在5月上旬至5月下旬直播，或4月中旬育秧，5月下旬移栽，7月底至8上旬收割。秋马铃薯一般采用露地栽培，8月下旬至9月上旬播种，11月霜冻前采收，有条件的可在生长后期搭小拱棚或简易大棚进行秋延后栽培。

二、春马铃薯栽培技术要点

春马铃薯栽培可基本参照春马铃薯露地栽培、地膜覆盖栽培及稻草全程覆盖免耕栽培技术，但要求采用早熟或中早熟优良品种、适当提早采收，为后茬直播或移栽早稻赢得时间。具体栽培技术详见第四章第一节。

三、早稻直播栽培技术要点

(一)品种选择

春马铃薯后茬直播早稻,季节相对宽裕,为提高单产,宜选用中熟或中迟熟品种,目前,生产上可选用甬籼69、嘉早05等品种。

(二)播前处理

1.土地平整

整地要求做到"早、平、适、畅",即早翻耕、田面平、畦面软硬适中、沟渠畅通。由于马铃薯茬土壤比较疏松,前茬残留的肥料也较多,因此整地的重点是整平田面,不需施基肥,耕耙后开好横沟、竖沟和围沟,一般畦宽3~4m,经适当沉实后即可播种。

2.种子处理

播前进行选种、晒种和浸种消毒。药剂浸种可用1.5%二硫氰基甲烷可湿性粉剂一小包(8g)对水6~7kg,浸种子4~5kg;或用10%二硫氰基甲烷乳油一小包(2ml)对水10kg,浸种子6kg。浸种时间为48~72h,浸种后可进行催芽,以短芽播种为宜。

(三)播种

1.播种期

宁波市春马铃薯地膜覆盖栽培一般在5月上中旬采收结束,因此直播早稻宜在5月中旬前后直播,过迟播种会影响早稻产量。

2.播种量

春马铃薯茬早稻播种时气温已回升,不会出现烂种、烂芽现象,成苗率高,且土壤基础肥力水平高、分蘖快,因此,播种量应适当减少,一般每亩用种量4kg,控制基本苗在9万~10万。

3.播种要求

要求做到细播匀播。播种时要做到带秤下田,按畦称量,播到田边田角,力求均匀。播后即行塌谷,使芽谷与泥土紧密接触,以利扎根出苗。

(四)播后大田管理

1. 防鼠、雀为害

鼠、雀为害严重的地区播种时用35%丁硫克百威20g,拌4kg种子,可有效防止麻雀、老鼠等为害。

2. 匀苗

秧苗三叶期后进行匀苗工作,重点是补稀,对大的空隙就近删密补稀。

3. 施肥

根据宁波市的实践,马铃薯茬直播早稻一般可不施基肥,不施磷肥,但要重施氮肥,适施钾肥。据测定,亩产500kg左右的,总用氮量(纯氮)为6kg左右。在肥料运筹上,以秧苗三叶期结合灌水上板亩施尿素6～7kg,4～5叶期再施2.5～3kg尿素促平衡,倒二叶露尖时,根据苗情亩施尿素3～4kg作保花肥为好。钾肥作保花肥施用,每亩施5kg左右。

4. 水分管理

(1)湿润出苗,控水促根。直播稻从播种到3叶期是扎根出叶、形成壮苗的重要时期,一般不能轻易灌水上板,宜采取湿润灌溉,即晴天满沟水,雨天排干水,板面干裂时,灌"跑马水",以达到保全苗、扎深根、促粗壮的目的。

(2)浅水促分蘖,适时早搁田。三叶期后灌水上板,浅水促分蘖,达到以水压草,以苗压草的目的。当每亩苗数达到20万,即排水搁田。直播稻搁田程度要轻次数要多,使每亩总茎蘖控制在40万左右。

(3)灌好"养胎水",壮苞攻大穗。花粉母细胞减数分裂期前后至抽穗期应保持浅水层,但也不能长期淹水,应坚持"浅水勤灌,后水不见前水"的灌水原则,保持稻田内水气协调,以利壮秆大穗。

(4)干湿交替,养根保叶。灌浆开始后,应采取湿润灌溉,保持干湿交替状态,以湿为主。一般晴天在灌一次水后,自然落干,断水1～2天再灌,但要防止田面发白。蜡熟期采取灌"跑马水"的方式,促进成熟,收获前3～5天断水。

5.防除杂草

马铃薯茬早稻杂草基数少,宜采取"一除一补"防草策略,即播后2~5天每亩用40%苄嘧·丙草胺可湿性粉剂45~60g,对水40kg均匀喷雾。对前期防除效果不理想的田块,在秧苗三叶期亩用50%二氯喹啉酸25~30g,对水40kg喷雾。施药前排干田水,施药后1~2天复浅水。

6.防治病虫害

直播稻稻苗较嫩绿,群体较大,易遭受病虫为害,在防治策略上应坚持"预防为主、综合防治"的植保方针,推广种子消毒、混合用药保穗、高效对口农药等技术。特别要注意前期稻纵卷叶螟和中后期纹枯病、稻瘟病、秋飞虱的防治。一代二化螟可亩用20%氯虫苯甲酰胺悬浮剂5~10ml对水40kg喷雾防治;稻纵卷叶螟属迁飞性害虫,成虫可随风雨迁飞传播,且有很强的趋绿性,防治药剂同螟虫;纹枯病可亩用5%井岗霉素200ml对水40kg喷雾防治;白背飞虱可亩用10%吡虫啉30g或70%艾美乐水分散粒剂3g对水40kg喷雾防治。

四、秋马铃薯栽培技术要点

秋马铃薯栽培可基本参照秋马铃薯露地栽培技术。若在秋马铃薯生长后期采用拱棚覆盖秋延后栽培的,其采收时间也应适当控制,为后茬作物生长留出足够时间。具体栽培技术详见第四章第二节。

第二节 "春马铃薯—单季稻"高效栽培模式

"春马铃薯—单季稻"高效栽培模式,实行薯稻水旱轮作,一年两熟,可以充分利用温、光、水、土等自然资源。该模式在浙东各地均有推广应用,一般年份春马铃薯每亩产量1 500kg左右、稻谷750~900kg,每亩总产值4 500~5 000元,是典型的粮菜兼顾型种植模式。

一、茬口安排

"春马铃薯—单季稻"栽培模式,茬口时间上比较宽裕。春马铃薯大多采用地膜覆盖栽培，1 月下旬至 2 月上中旬播种，5 月中下旬收获；有条件的可利用现成的稻田和稻草，进行稻草（稻草＋地膜）全程覆盖免耕栽培。单季晚稻一般 5 月底至 6 月上旬直播，或 5 月底 6 月初播种育苗，6 月中下旬机插移栽，11 月中下旬收割。

二、春马铃薯栽培技术要点

春马铃薯栽培可基本参照春马铃薯地膜覆盖栽培技术或春马铃薯稻草全程覆盖免耕栽培技术，但要求采用早熟或中早熟优良品种、适当提早采收，为后茬晚稻直播或插种赢得时间。具体栽培技术详见第四章第一节。

三、单季晚稻直播栽培技术要点

（一）品种选择

单季晚稻直播栽培可选用宁 88、宁 81、秀水 09 等常规晚粳品种，或甬优 9 号、甬优 12、甬优 15 等杂交稻品种。

（二）田间管理技术措施

1. 精细整地

大田要求早翻耕、田面平、畦面软硬适中、沟渠畅通，即“早、平、适、畅”。关键是“平”，要求田面“高低不过寸，寸水不露泥”。如高低不平，高处芽谷晒干，低处播种过深，导致出苗率下降，并且高低不平会影响除草效果。一般畦宽 3m 左右为宜。免耕直播田要及时清理掉前茬残留物和杂草。

2. 种子处理、催芽播种

播种前要进行选种、晒种和浸种消毒。浸种消毒可用 1.5％二硫氰基甲烷可湿性粉剂一小包（8g），先用少量水把药粉搅成糊状，对水 6kg 充分搅拌后浸稻种 5kg；或用 10％二硫氰基甲烷乳油一小包（2ml）对水 10kg，搅拌均匀后浸稻种 6kg，浸种时间 48h，捞起沥干后进行催芽，短芽播种。种子经浸种消毒，可防恶苗病及干尖线虫病的发生。

3. 适期播种、精确定量、细播匀播

经多年实践，宁波一带的播种适期为 5 月底至 6 月上旬。播

种量常规稻亩用种量以 2.5～3.5kg/亩，杂交稻亩用种量一般为1kg 为宜。播种时要求做到细播匀播：要做到带秤下田，按畦称量，播到田边田角，力求均匀。播后即行塌谷，使芽谷与泥土密接，以利扎根出苗。

4.科学施肥

根据宁波的实践经验，单季直播稻以亩产 800kg 或以上预期产量为目标，总施肥量以纯氮 18～20kg、过磷酸钙 30kg、氯化钾 10kg 为宜。氮肥施肥原则：前促、中控、后补。施肥方法：适施基肥、早施分蘖肥、不施或少施长粗肥、重肥促花肥、看苗巧施保花肥。基肥∶分蘖肥∶长粗肥∶促花肥∶保花肥＝3∶3∶1∶2∶1，促花肥在叶龄余数 3.5 叶时施，保花肥在倒 2 叶长出一半时施入。钾肥 50％作长基肥，50％作穗肥。

5.合理水分管理

(1)控水保苗，炼苗扎根。直播稻从播种到 3 叶期，不轻易灌水，要求畦面有轻微裂缝，既有利于秧苗引根深扎，又能促进早发、快发。立针期及早排除田面水，以达到保苗深扎根、争全苗、促粗壮的目的。三叶期后建立浅水层，促进分蘖发生。

(2)适时早搁田轻搁田，保中期稳长。直播稻搁田分两步：第一步是当茎蘖数量达到预定计划穗数的 70％～80％时，及时排水搁田，这时搁田程度要轻，使总茎蘖数缓慢上升。第二步是当达到最高苗数以后，加重搁田程度，使总茎蘖缓慢下降，缩短中层叶片和基部节间长度。

(3)适时复水，浅水勤灌。直播稻经过中期轻搁，叶色明显褪淡，叶片挺起，到达拔节叶龄时就应及时复水，以后浅水勤灌，陈水不干、新水不进，保持稻田内水气协调，以攻壮秆大穗。

(4)间歇灌溉，切忌断水过早。抽穗灌浆期采用间歇灌溉，达到土壤中水气协调，以气养根，以根保叶，以叶增粒重之目的。蜡熟期采用灌“跑马水”的方式，做到潮田割稻。冷空气来临时，应及时灌水护叶。

6.防除杂草

(1)翻耕直播田化学除草。播前3天,每亩用37.5%苄·丁可湿性粉剂40～50g喷雾或撒施。3天后排水播种,以减少稻田杂草基数。播种后施药,可选用10%吡嘧黄隆可湿性粉剂10～15g,播种塌谷后喷雾;或40%苄嘧·丙草胺可湿性粉剂60g,播后2～4天内喷雾。对前期防效差或稗草较多的田块,可在秧苗三叶期每亩用50%二氯喹啉酸30g或2.5%五氟磺草胺悬浮剂50～60ml对水喷雾。药前排干田水,药后1～2天复浅水。

(2)免耕直播田化学除草。播前亩用10%草甘膦水剂1 500ml,加水喷雾,防除前茬残留杂草;秧苗2.5叶期亩用10%氰氟草酯(千金)乳油40～60ml＋50%二氯喹啉酸可湿性粉剂25～30g防千金子和稗草。施药前放掉田水,隔天复水。在免耕直播田用苄黄隆、千阔净、新乐葆、直播净等药剂除草效果较差,一般不采用。

7.病虫害防治

直播稻稻苗较嫩绿,群体较大,易遭受病虫为害,要注意对纹枯病、稻曲病、稻纵卷叶螟、稻飞虱等防治。纹枯病可亩用5%井岗霉素200ml或30%苯甲·丙环唑15ml对水喷雾防治;稻曲病可在水稻破口前7天用5%井岗霉素250ml或30%苯甲·丙环唑15ml对水喷雾防治;稻纵卷叶螟可亩用20%氯虫苯甲酰胺悬浮剂5～10ml对水喷雾防治;二化螟可亩用20%氯虫苯甲酰胺悬浮剂5～10ml或40%氯虫·噻虫嗪水分散粒剂10g对水30～40kg喷雾防治;褐飞虱可亩用25%吡蚜酮40g或20%烯啶虫胺水剂30g对水喷雾防治;穗部灰飞虱可亩用25%吡蚜酮20～30g或40%毒死蜱100ml对水喷雾防治。

8.收割

当85%以上谷粒黄熟时收割。灾害性天气来临前,适当提早收割,避免损失。

四、单季稻机插秧栽培技术

(一)品种选择

常规粳稻可选取用宁81、宁88等品种;杂交稻可选用甬优9

号、甬优12号、甬优15号等品种。

（二）播种育苗

1.育秧准备

选择地势平坦、排灌方便、远离电线杆、土壤砾石少、邻近大田的田块作秧田。秧田与大田比例常规粳稻为1∶80左右、杂交稻为1∶110～140。播前10天精做秧板，板面宽1.5m、沟宽0.4m。板面达到“实、平、光、直”要求。每亩大田常规粳稻准备25～28只软盘秧盘，杂交粳稻15～18只。

2.播种育秧

播种期常规粳稻一般6月初、杂交粳稻5月底至6月初，秧龄控制在15～20天。大田用种量常规粳稻每亩2.5～3kg、每盘播芽谷125～170g，杂交粳稻1.0kg、每盘播芽谷80～90g。每亩秧田施复合肥30kg作基肥，直接施于毛秧板上。平铺秧盘，精量播种，塌谷后每亩秧苗用17.2%苄·哌可湿性粉剂200～250g喷施防秧田杂草。然后用遮阳网覆盖。

3.秧田管理

播后秧田保持平沟水，以湿润为主。秧苗1叶1心时用15%多效唑可湿性粉剂75mg/kg药液进行化学调控，秧苗2叶期施好断奶肥，2叶1心时揭去遮阳网。做好秧田稻蓟马、灰飞虱等病虫害防治工作。秧苗栽前2～3天施起身肥，一般每亩用尿素4～5kg对水400～500kg浇施。

（三）机插大田准备

机插前一周深翻整地，施足基肥，一般氮肥用量为总施氮量的30%左右。田块平整，田面整洁，表土软硬适中。

（四）插种

机插深度1.5～2.5cm，密度常规粳稻每亩插1.6万～1.8万丛，基本苗5.5万～7万，杂交粳稻1.1万～1.2万丛。插后开好“平水缺”。注意要做到薄水插秧，及时查苗补缺。

(五)机插后大田管理

1.水分管理

(1)干湿交替。每灌一次浅水,自然落干后再灌第二次水。

(2)苗期经常露地,以增加土壤中氧气含量。

(3)提早搁田,做到苗到不等时,当苗数达到计划穗数80%时即可搁田。

2.肥料管理

常规粳稻氮肥总用量控制在15kg左右,杂交粳稻控制在13kg左右。施肥时要把握3点:①减少基肥比例,增加追肥比例;②分次施分蘖肥,一般栽后第7天施第一次分蘖肥,第12～14天施第二次;③适当增加常规粳稻穗肥,并施促花肥和保花肥,一般穗肥用量占总氮量的30%左右,促花肥抽穗前35天左右施、保花肥抽穗前18～20天施。杂交粳稻穗肥不宜多施氮肥。常规粳稻钾肥分2次施,50%作壮秆肥、50%作穗肥。杂交粳稻施3次钾肥,分别为分蘖肥、壮秆肥和穗肥,用种量相应增加。

3.病虫害防治

主要病虫害有纹枯病、稻瘟病、稻曲病、蚜虫、稻飞虱等,要根据当地植保部门的预测预报,选择对口农药,及时进行防治,防治方法同前述。

(六)收割

当85%以上谷粒黄熟时收割。灾害性天气来临前,适当提早收割,避免损失。

第三节　“春马铃薯—鲜玉米(大豆、花生)—秋马铃薯”高效栽培模式

“春马铃薯—鲜玉米(大豆、花生)—秋马铃薯”一年三熟高效栽培模式,能明显提高粮食复种指数,提高粮食产量,增加经济效益,是较为典型的旱粮高效生产模式。该模式一般春秋两季马铃

薯亩产量在 2 500kg 左右,鲜食玉米亩产量超过 500kg,全年亩产值超过 4 500元,为常规种植水稻效益的 2 倍以上。近年来,该模式在各地有不断扩大的趋势。

一、茬口安排

“春马铃薯—鲜玉米(大豆、花生)—秋马铃薯”栽培模式,春马铃薯大多采用地膜覆盖栽培,1 月至 2 月上旬播种,要求在 5 月中旬前收获;鲜玉米于春马铃薯采收后播种,也可将提早到 4 月下旬 5 月初,甚至更早将玉米套种在马铃薯行间或马铃薯畦面预留行上,8 月上中旬或更早时间鲜玉米即可采收;如种植大豆、花生,则在 4 月下旬到 5 月初播种。秋马铃薯于 8 月下旬至 9 月初播种,11 月即可采收秋马铃薯。若在寒潮来临前采用小拱棚或简易大棚覆盖进行秋延后栽培,则马铃薯采收期一直可延迟到 12 月甚至翌年 1 月。

二、春、秋马铃薯栽培技术要点

春、秋马铃薯栽培,可参照本书第 4 章第 1～4 节,春马铃薯地膜覆盖栽培、春马铃薯稻草覆盖免耕栽培和秋马铃薯露地栽培技术。

三、鲜食玉米栽培技术要点

1. 品种选择

鲜食玉米选择早熟、株型紧凑、穗型适中、口感香糯带甜味的白糯或紫糯玉米品种,如苏玉糯、浙风糯等,也可种植市场鲜销或适于企业加工的甜玉米品种,如华珍、浙风甜 2 号、金利等。

2. 实行连片隔离种植

连片种植可以有效防止临近田块种植早稻,对玉米地造成的“水包旱”现象,也可有效预防不同类型、不同品种间如鲜食糯玉米、甜玉米与普通玉米或其他类型玉米相互授粉形成籽粒黄白相间或其他颜色,造成品质下降,商品性变差的现象。隔离的方法,一是空间隔离,同一类型玉米与其他类型种植间距在 300m 以上;二是花期隔离,要求与其他类型花期错开 30 天以上;三是屏障隔离，利用山岗、树林等自然屏障隔离。

3. 适时播种

4 月底至 5 月上旬，前茬马铃薯收获后，抓紧清洁田园，及时播种，种植面积较大的也可分期分批播种，或者在马铃薯生长后期进行畦面套种，也可在马铃薯畦面预留玉米种植行，3 月底开始进行地膜覆盖。生产上要注意避免在 5 月中旬以后播种，以免玉米雄蕊开花散粉期、果穗吐丝期遇 7 月中旬至 8 月中旬高温季节，造成果穗不能正常受精，出现“秃尖”、缺粒或空穗。

4. 合理密植

鲜食玉米以收获时每亩穗数足、果穗大小适中、穗型好的效益最高。一般要求每亩种足 4 000～4 500株，密度过高植株徒长易造成空秆，密度过稀则易导致多穗，影响产量和商品性。大多采用宽沟窄畦法种植，即畦宽（连沟）110cm，种 2 行，窄行距 40cm，株距 25～30cm。为提高田间通风透光条件，栽种时秧苗叶片伸展方向应与畦走向垂直。

5. 科学施肥

浙凤糯 2 号等品种苗期起发快，单株生长势强，中后期长势平衡，在肥水管理上，要重施基苗肥和攻蒲肥，肥料总量一般每亩要求化肥折纯 N 15kg、P_2O_5 6kg、K_2O 6kg。具体要求亩施充分腐熟有机肥 1 000～1 500kg 作基肥。到 5 叶期亩用尿素 2～3kg 对水浇施一次，7～8 叶期玉米拔节时亩用尿素 5kg 浇施，大喇叭口期施攻蒲（穗）肥，适当提高肥料用量。

6. 加强田间管理

春玉米在前期要做好开沟排水工作，防止渍害；吐丝后要保持土壤湿润，防止过干过湿。秋玉米在前期主要做好沟灌抗旱工作在玉米的幼穗分化期、开花授粉期和灌浆期要重点做好抗旱工作，以免果穗籽粒错行影响外观和籽粒充实度不足产量下降。

7. 防治病虫害

前期主要防治地老虎为害，可用 20％杀灭菊酯 1 500倍地面和植株喷雾。拔节至大喇叭口期要及时防治玉米螟为害，可选用B. t. 乳剂150ml加拌细土15kg制成颗粒，每株3～4g灌心。

8. 适时收获上市

鲜食玉米收获应及时，收获过早则籽粒不饱满，产量低；过迟则食味变差，市场价格低。一般以雌穗吐丝后20～25天，外露花丝变紫褐色时以最快速度上市销售。紫糯玉米以籽粒刚转色时收获为最佳。或者根据加工企业要求采收。

四、大豆栽培技术要点

（一）品种选择

实行本模式栽培与春秋马铃薯接轨的大豆品种可选用浙鲜豆7号、台75、浙农6、8号等。浙鲜豆7号从播种到采收青荚约90天，属中晚熟菜用型春大豆品种。一般亩产量600kg左右，适宜在浙江省内作春播种植；浙农6号属中晚熟品种，播种至鲜豆荚收获生育期为86天左右；台75春季110天左右，可作春、秋季栽培，适于鲜食和速冻。一般亩产鲜荚650～700kg。播种至收获、采收仅65天左右，亩产鲜荚500kg左右；浙农8号属早熟春大豆品种，平均生育期84天，鲜荚平均亩产650kg左右。

（二）栽培技术

1. 栽培季节

在春马铃薯采收后播种。一般于5月中下旬播种，8月上中旬采收。

2. 大田准备

春马铃薯收获后，于播种前10～15天深翻耕，根据品种和田块肥力水平，结合整地每亩施商品有机肥100～200kg加三元复合肥20～30kg或同等量的其他相应肥料。整地细耙作畦，畦宽（连沟）1.5～2.4m，其中沟宽30cm、沟深25cm。实行三沟配套，保证田间灌排畅通。

3. 播种

春马铃薯收获后，在完成整地作畦的基础上，选择雨后天气晴好的日子播种，播后最好采用地膜或秸秆覆盖，大田深沟高畦，如栽培品种为浙农 8 号，畦宽可定为 1.2～1.3m，种 3 行，行距×穴距＝40cm×20cm，密度以每亩 13 000～15 000株为宜；台-75 播种密度要稀些，以每亩 5 000～5 500株为宜。如采用穴播，每穴播 2～3 粒，亩用种量 5～6kg。播种深度约 3cm，开穴深度要一致，不重播、不漏播。建议在播种后覆盖地膜。同时，要在田间地头培育适量备用苗，以便及时进行补苗。

4.播后管理

(1)间苗。出苗后及时挑破覆盖薄膜放苗。在幼苗有 1～2 片真叶展开时进行间苗、定苗，每穴留 2 株健壮苗。及时查苗、补苗，确保全苗。

(2)水分管理。生长前期如遇持续干旱时需及时浇水。从开花结荚期到鼓粒期需要充足的水分，宜保持畦面湿润。若遇干旱畦沟灌溉 2～3 次。

(3)施肥。追肥应根据地力、基肥用量、植株长势和不同的生育期等而定。一般在第一复叶期每亩追施尿素 5～7.5kg，初荚期每亩施用尿素 15～20kg 或三元复合肥 5～7kg，打孔穴施。豆荚鼓粒期可结合防病治虫进行根外追肥，喷施 0.3%尿素加 0.2%磷酸二氢钾溶液 1～2 次。台 75 品种植株生长势较强，生长前期要适当控制氮肥，以免引起植株徒长。

(4)中耕培土和清除杂草。播种前 7～10 天可用草甘膦除草，播后芽前选用金都尔封草，露地栽培生长前期选用精禾草克除草，同时在封行前结合除草、施肥进行中耕培土，培土不宜过高过宽，以不超过第一复叶节为宜。地膜覆盖栽培要清除畦边杂草，及时去掉老、弱、病、残叶，使植株营养充足，有良好的通风透光条件。

(5)病虫草害综合防治。菜用大豆主要病害有立枯病、病毒病、褐斑病、霜霉病、黑斑病、炭疽病等，主要虫害有蚜虫、小地老虎、豆荚螟、蜗牛、斜蚊夜蛾、烟粉虱等，主要杂草为早熟禾、繁缕、卷耳等，应严格按照国家有关规定及时做好防治工作。具体防治方法详见本书第八章。

(三)采收

全株上下各部分80%以上豆荚鼓粒充分是采收适期,采收的大豆应达到以下要求:新鲜,豆粒饱满,成熟度适中,豆荚形态良好。无锈斑、虫蛀、严重损伤或破裂,豆仁发育不良的豆荚。

五、花生栽培技术要点

(一)品种选择

花生的品种按花生籽粒的大小分为大花生和小花生两大类型;按生育期的长短分为早熟、中熟、晚熟三种。与春秋马铃薯接轨的品种应选择早熟品种为宜。如90128、徐花16号、远杂9102、花育20等品种,其中90128夏播生育期仅90天,徐花16为116天,远杂9102和花育20为117天左右。前两个品种为大花生,后两个品种为小花生。均适宜在春马铃薯收获后播种。

(二)播种

1. 种子处理

播前要带壳晒种,选晴天上午,摊厚10cm左右,每隔1~2h翻动一次,晒2~3天。剥壳时间以播种前10~15天为好。剥壳后选种仁大而整齐、籽粒饱满、色泽好,没有机械损伤的一级、二级大粒作种,淘汰三级小粒。

2. 整地

花生是地上开花地下结果的作物,根系发达,要求土层深厚,上松下实,因此要在播种前适当深耕细整。

3. 施足基肥

由于花生生长前期根瘤数量少,固氮能力弱,中后期果针已入土,不宜施肥,因此,必须在播种前结合耕翻整地,一次性施足基肥,以满足全生育期对肥料的需求。有条件地区尽量多施充分腐熟的有机肥,一般要求:中产田每亩底施腐熟的有机肥2 000~3 000kg,45%复合肥30~40kg,硼肥1kg;高产田每亩底施有机肥3 000~4 000kg,45%复合肥40~50kg,硼肥1~1.5kg。硼肥作基肥时,严禁施入播种沟内,避免烧种烧苗。

4. 适期播种,合理密植

春马铃薯收获后,5cm 土层地温已稳定在 12℃以上,可适时播种。密植程度可采取大垄双行,穴距 16～18cm,每亩 8 000～10 000穴,每穴播 2 粒;深 3～4cm。

(三)田间管理

1. 前期(苗期)

应加强管理,使之扎好根,控制好病虫害,促苗早发。

2. 中期(花针—结果期)

重点是控制地上面枝叶生长,促进下面果针和幼果发育。

3. 后期(成熟期)

后期是荚果膨大籽仁充实期,主要体现"后保"两个字,注重抗旱排涝防烂果,治虫保果夺丰产,防病保叶促果饱。

(四)病虫害防治

主要病害有花生叶斑病、花生锈病、花生根腐病;主要虫害有蛴螬和花生蚜。花生叶斑病可于始花前喷洒下列低毒杀菌剂,用70%代森锰锌可湿性粉剂每亩 70～80g,400～600 倍液,或用50%甲基托布津可湿性粉剂每亩 70～100g,1 000～1 500倍液,任选一种进行防治;花生锈病发病初期,每亩可用 75%百菌清可湿性粉剂 100～125g,对水 60～75kg 喷雾,或用硫酸铜、生石灰和水比例为 1∶2∶200 的波尔多液喷雾。严重时两种杀菌剂交替使用,每隔 8～10 天喷一次;花生根腐病可在播前经晒种后,每100kg 种子用 50%多菌灵可湿性粉剂 500～1 000g 拌种防治。蛴螬可在 7 月份,用 50%辛硫磷或 90%敌百虫 1 000倍液灌根;花生蚜:每亩用 10%吡虫啉可湿性粉剂 30g 对水制成 2 000～2 500倍液;70%艾美乐水分散粒剂 3g 对水 40～50kg,配成 10 000～15 000 倍液进行防治。

第四节 “春马铃薯/鲜玉米—露地蔬菜”高效栽培模式

“春马铃薯/鲜食玉米—露地蔬菜”栽培模式，能充分利用温、光、水、土和空间资源，进一步提高单位面积的产出率，是较为典型的间作套种高效种植模式。该模式一般春马铃薯亩产量1 500kg左右，鲜食玉米平均亩产量500kg，甘蓝类蔬菜平均产量在3 000kg、芥菜类蔬菜平均产量5 000kg以上，年平均产值一般在5 000元以上。

一、茬口安排

春马铃薯采用露地栽培或地膜覆盖栽培，根据不同栽培方式1月至2月中旬前后均可播种，5月上旬至6月上中旬均可采收；4月中下旬至5月中旬前，在马铃薯生长后期进行间作套种糯玉米或甜玉米，8月上中旬前采收鲜玉米上市或供企业加工。然后进行秋季蔬菜或秋冬季蔬菜露地生产，如西兰花、松花菜、花椰菜、结球甘蓝、雪菜等多种。以露地种植的西兰花为例，一般在7月中旬至9月中旬播种，8月中旬至10月下旬定植，11月上旬至翌年2月采收。

二、春马铃薯栽培技术要点

春马铃薯栽培可参照春马铃薯地膜覆盖和春马铃薯稻草覆盖免耕栽培技术，详见第四章第一节、第三节、第四节。

三、鲜食玉米栽培技术要点

鲜食玉米栽培技术要点参照第五章第三节。

四、西兰花栽培技术要点

（一）品种选择

可供选择的品种较多，如早熟品种炎秀、蔓陀绿，中熟品种优秀、绿雄90、申绿，晚熟品种绿雄95、喜鹊等。

（二）栽培季节

早熟品种7月中旬至8月初为播种适期，8月中旬至9月初鲜玉米采收后定植，10月中旬至11月上旬采收。中熟品种7月底至8月中旬为播种适期，8月底至9月中旬鲜玉米采收后定植，11月中旬至12月中旬采收。晚熟品种8月下旬至9月中旬为播种适期，9月底至10月下旬定植，翌年1月下旬至2月下旬采收。为不影响下一年的马铃薯种植，可根据西兰花的品种特性选择合适的播种期。

（三）播种育苗

1.穴盘育苗

（1）播前准备。选择地势高燥田块或设施大棚作苗床，每亩大田需经过消毒的净苗床5.4m^2，床面要整平拍实。

（2）播种。采用湿润适用基质装入128孔穴盘，打1cm深播种孔。播种机或人工播种，每亩大田需种子12～15g，一孔一粒，播后蛭石盖籽至穴面平。穴盘移入苗床后浇透水，平铺2～4层遮阳网。

（3）苗床管理。出苗后及时揭去遮阳网，搭小拱棚覆盖防虫网，高温干旱时，防虫网上覆盖遮阳网。及时补充水分，保持基质湿润。定植前7天揭网炼苗，并控制浇水；定植前3～5天施一次1%尿素液，定植前1～2天浇透水促进新根生长；起苗前浇透水。及时做好苗期病害防治工作。

2.常规育苗

（1）播种准备。选择地势高、排灌方便、病虫源少的田块作苗床，每亩大田需直播育苗床30m^2。播种前20～30天翻耕，翻耕前每亩施腐熟有机肥1 000kg或三元复合肥20kg。精深翻耕做畦，畦宽连沟1.2m，沟宽和深各25cm。播前浇足底水，并进行苗床消毒，防治地下害虫和土传病害。

（2）播种。每亩大田用种量15～20g，均匀播种，播种盖薄细土后平铺2～3层遮阳网，以提高出苗率。

（3）苗床管理。播后2～3天揭去遮阳网，搭建小拱棚覆盖防虫网，晴热天再盖遮阳网，雨天转盖薄膜，遇台风盖实拉紧防虫网，齐苗后撒施过筛焦泥灰或谷壳等护根。苗期一般不施肥，若苗势弱，浇施0.2%尿素液。晴热天视土壤墒情在早上浇水。定植前5～7天揭网炼苗，控制浇水，定植前3～5天浇一次1%尿素液，定植前1天浇透苗床。注意苗期病虫害防治。

(四)整地与定植

1.整地

选择地势高燥、排灌方便、前作非十字花科作物的田块。定植前10～15天翻耕，亩施腐熟有机肥1 000kg加尿素10kg加过磷酸钙30kg加硼砂1.0～2.0kg，或商品有机肥300～500kg。深沟高畦，畦面呈龟背型，畦宽连沟1.8～2.0m，沟宽和深30cm，腰沟和围沟深50cm。

2.定植

下午15时后或阴天定植，大小苗分开，定植后浇0.3%三元复合肥液。行株距因品种而异，一般早熟品种定植密度2 400～2 600株、中熟品种2 200～2 400株、晚熟品种2 000～2 200株。

(五)大田管理

1.追肥

追肥因西兰花品种而异，一般早中熟品种施2次，晚熟品种施3次。第一次在定植后10～15天，每亩施尿素8～10kg；第二次在莲座期，每亩施三元复合肥20～30kg，并喷施10%液体硼肥600倍液2次，每次喷施间隔5～7天。晚熟品种在花球直径3～5cm时施第三次肥料，每亩穴施尿素20kg。

2.水分

除浇好定根肥水外，晴天定植后2～3天再浇1次水，成活后控制浇水，以后保持土壤干干湿湿。花球期保持土壤湿润，干旱时勤浇水，遇台风暴雨天气及时清沟排水。在寒潮来临前1～2天浇透水。采收前7天控制浇水。

3.中耕培土

封行前要进行中耕培土，防止肥料流失和植株倒伏。

4.病虫害防治

根据“预防为主、综合防治”的植保工作方针，以农业防治为基础，合理运用生物、物理和化学等手段，经济、安全、有效地控制病虫的危害。猝倒病、立枯病可用72.2%霜霉威盐酸盐水剂800倍液喷雾防治，霜霉病可选用72%霜脲·锰锌可湿性粉剂800倍液或25%嘧菌酯悬浮剂1 500～2 000倍液喷雾防治，菌核病可选用50%异菌脲可湿性粉剂1 000倍液喷雾防治。蚜虫可选用10%吡虫啉可湿性粉剂2 000倍液喷雾防治，烟粉虱可选用20%啶虫脒乳油1 000倍液或50%烯啶虫胺可湿性粉剂1 000～2 000倍液喷雾防治，夜蛾可选用5%氯虫苯甲酰胺悬浮剂1 000～1 500倍液喷雾防治。

（六）采收

当花球大小达到收购标准时采收，可分期分批进行。采收时用刀带叶平割，球茎长度不短于20cm，花球去大叶后用塑料筐装运，严防损伤、污染或失水变质。晴热天一般在上午9时前结束采收。花球采收后，及时冷藏在0～2℃的保鲜库内，但要严防冻伤花球，影响商品性。

五、松花菜栽培技术要点

（一）品种选择

选择庆农65、庆农85、雪丽120等优良品种。

（二）播种育苗

1.播前准备

采用小拱棚或设施大棚内简易穴盘育苗的，每亩大田需苗床8.4m^2，床面平实。干基质装育苗穴盘，括平盘面，盘底压面，形成1cm深播种孔。采用常规育苗的，选择地势高、前作为非十字花科作物的田块，按秧本比1∶20确定育苗地面积。播种前20天翻耕土壤，亩施商品有机肥200～250kg或48%三元复合肥20kg作基肥。做好土壤杀虫和消毒，精细整地，苗床畦宽1.5m，沟深宽各30cm。播种前浇足底水。

2.精细播种

每亩大田用种量简易穴盘为10～15g,常规育苗15～20g。匀播后平铺2～3层遮阳网。

3.苗床管理

(1)简易穴盘育苗。出苗后揭遮阳网,搭小拱棚覆盖防虫网,绷紧压实,晴天上午9时至下午15时防虫网上盖遮阳网,早晚各浇透一次水;定植前5～7天揭网炼苗,控制浇水;定植前3～5天施一次1%尿素液;定植前浇透水。遇台风暴雨加固拱棚,雨天及时排水。

(2)常规育苗。播后2～3天揭网,搭小拱棚,晴天盖遮阳网,雨天换盖薄膜避雨,齐苗后撒施过筛焦泥灰或砻糠、谷壳等护根。2～3叶时大小苗分开假植,株行距(8～10)cm见方。苗期一般不施肥,苗势弱的可浇施0.2%尿素液。定植前5～7天炼苗,定植前2～3天浇施0.5%尿素液,定植前1天做好带药下田并浇透苗床。育苗期浇水视墒情早晚进行。

选用对口农药及时做好猝倒病、立枯病、霜霉病、斜纹夜蛾、蚜虫等苗期病虫害防治工作。

(三)整地定植

1.整地

定植前7～10天翻耕,每亩施商品有机肥200～250kg+尿素20～30kg+过磷酸钙30～50kg+硼砂1～2kg,或48%三元复合肥20kg+硼砂1.0～2.0kg。畦宽连沟1.8～2.0m,沟宽深各0.3m,腰围沟深0.5m。

2.定植

穴盘苗3.5～4.0叶、常规苗5～7叶时定植。下午3时后或阴天进行,大小苗分开定植,秧苗尽可能多带土、不伤根,定植后浇浓度为0.3%的三元复合肥水定根。每亩定植密度早熟品种2 200～2 400株,中熟品种2 000～2 200株,晚熟品种1 800～2 000株。

(四)大田管理

1.追肥

早熟品种追肥1～2次。其中:还苗期施尿素5～10kg,心叶扭曲期施48%三元复合肥15～20kg;中晚熟品种3～5次,分别在还苗期、生长前期、心叶扭曲期、蕾期和花球膨大前中期施;每亩总施肥量为尿素20～30kg、复合肥20～30kg、钾肥10kg,其中,蕾期追肥量占40%。采用沟施或穴施。现蕾前喷施10%液体硼肥600倍液2次,每次间隔5～7天。

2.浇水

定植后浇足定根肥水。夏秋高温少雨季节,定植后2～3天再浇一次水,成活后结合施肥浇水。雨天及时排水。

3.中耕除草

生长前期中耕除草1～2次。

4.保护花球

在花球露出心叶时,折外叶覆盖花球,发黄时换取新叶重新覆盖。晚熟品种遇霜冻天气,用稻草束叶保护花球。

5.病虫草害防治

根据花椰菜病虫害发生规律,以农业防治为基础,合理运用生物、物理和化学等手段,经济、安全、有效地控制病虫的危害。对口化学农药防治药剂有:霜霉病每亩用250g/L嘧菌酯悬浮剂10～18g或68%精甲霜·锰锌水分散粒剂68～88.4g喷雾,菜青虫每亩用16 000IU/mg苏云金杆菌可湿性粉剂25～50g或1.8%阿维菌素乳油0.54～10.8g喷雾,菜蚜每亩用4.5%高效氯氰菊酯乳油0.2～1.2g喷雾,小菜蛾每亩用16 000IU/mg苏云金杆菌可湿性粉剂50～75g制剂喷雾,斜纹夜蛾每亩用5%氯虫苯甲酰胺悬浮剂2.25～2.7g喷雾,一年生禾本科杂草每亩用69g/L精噁唑禾草灵水乳剂3.5～4.1g喷雾。

(五)采收

花球充分肥大,圆正突出,基部花枝略有松散,边缘花枝尚未开散。早熟品种花球露出心叶后20天左右采收，中熟品种30天左右，晚熟品种60天以上。采收时每个花球带3～4片心叶。以早晨采收为宜，阴雨天尽量不采收。

六、结球甘蓝栽培技术要点

(一)品种选择

马铃薯后茬选择种植夏甘蓝或秋冬甘蓝。夏甘蓝可选择抗病性强、结球紧实、耐热、耐涝、生育期短的品种，如太阳、强力50等。秋冬甘蓝可选择优质高产、耐贮藏、苗期耐高温和成熟后期耐低温的中晚熟品种，如冠王、湖月、紫阳、紫甘2号等。

(二)播种育苗

1. 播前准备

选择地势高燥、排灌通畅的田块作苗床，床面要整平拍实，穴盘育苗每亩大田需苗床10～15m^2。选用128孔或72孔穴盘和适用基质装盘，刮平盘面，盘底压面，形成1cm深播种孔。常规育苗选择地势高、排灌方便、前作为非十字花科作物的田块，按秧本比1∶20精做秧田，每亩秧田施商品有机肥150kg或三元复合肥10～20kg，精深翻耕、做畦，畦宽1.2m，沟宽、深各0.25m。

2. 播种

夏甘蓝5月上旬至6月上旬播种，秋冬甘蓝7月中旬至8月下旬播种。穴盘育苗每亩大田用种量10～15g，播种机或人工播种，一孔一粒，播后蛭石盖籽至穴面平；穴盘移入苗床，摆放整齐，四周覆土，浇透水，平铺覆盖物。常规育苗每亩大田用种量30～50g，播种前浇足底水，浇水后均匀播种，播种后盖细土0.5cm，轻拍床面，遮阳网覆盖。

3. 苗床管理

(1)穴盘育苗。出苗后揭遮阳网，搭小拱棚覆盖防虫网，绷紧压实；秋冬甘蓝育苗，防虫网上盖遮阳网；秧苗1叶1心时喷施1%尿素液，2叶1心时喷1%三元复合肥液；秋冬甘蓝定植前5～7天揭网控水炼苗。

(2)常规育苗。出苗60%～70%时揭去畦面覆盖物,搭小拱棚覆盖遮阳网;齐苗后撒施谷壳等护根;秧苗2～3叶时定苗,每平方米留苗150株左右;根据长势和土壤墒情适时追肥和浇水,定植前控水炼苗。

(三)整地定植

1.整地作畦

选择生态环境较好、地势高燥、排灌方便、前作非十字花科作物的田块。清理前茬,深翻、整地、作畦。畦宽连沟1.8m或1.2m,沟宽30cm、深30cm;每30m开一条腰沟,腰沟深40cm、宽40cm。

2.定植

定植前1～2天,床土浇透水,大小苗分开定植。根据栽培季节、品种特性和土壤肥力等确定定植密度,一般每亩早熟品种4 000～4 500株,中熟品种3 000～3 500株,晚熟品种2 200～2 400株。高温季节,宜选择阴天或晴天傍晚定植。定植后浇定根水。

(四)大田管理

1.肥料管理

夏甘蓝定植前10天,结合深翻每亩施商品有机肥200～250kg和三元复合肥20～30kg作基肥。一般追肥1～2次,第一次在定植后15天,结合浇水每亩施用尿素10～15kg;第二次在莲座期,每次每亩施三元复合肥15～20kg。秋冬甘蓝定植前10天,结合深翻每亩施商品有机肥200～250kg和三元复合肥25～30kg作基肥。一般追肥3次,第一次在生长前期,每亩施尿素5kg;第二次在莲座期,每亩施三元复合肥20～25kg;第三次在结球期,每亩施尿素10kg;结球始期结合病虫防治叶面喷施0.2%磷酸二氢钾溶液1～2次。

2.水分管理

缓苗前保持土壤湿润,雨后应及时排除田间积水;干旱季节及时补充水分。成熟前7～10天控制水分。

3.中耕除草

定植后,当畦面出现板结或有杂草时中耕除草,以后酌情再中耕1～2次。

4.病虫草害防治

根据结球甘蓝病虫害发生规律,以农业防治为基础,因时因地合理运用生物、物理和化学等手段,经济、安全、有效地控制病虫的危害。化学农药防治可选用:霜霉病每亩用40%三乙膦酸铝可湿性粉剂94～188g喷雾,蚜虫每亩用5%氯氰·吡虫啉乳油1.5～2.5g或10%啶虫脒可湿性粉剂0.8～1.0g喷雾,小菜蛾、菜青虫每亩用15 000IU/mg苏云金杆菌可湿性粉剂25～46.7g或1.8%阿维菌素乳油0.54～0.72g喷雾,甜菜夜蛾、斜纹夜蛾每亩用2%甲氨基阿维菌素甲维盐微乳剂0.1～0.14g或25%甲维·虫酰肼悬浮剂10～15g喷雾。一年生杂草每亩用330g/L二甲戊灵乳油33～49.5g土壤喷雾防治。

(五)采收

在叶球大小定型,紧实度达到八成以上,视市场需求情况在裂球前适时采收。

七、冬雪菜栽培技术要点

(一)品种选择

选择分蘖能力强、产量高、品质优、抗病、抗逆性强、迟抽薹品种,如鄞雪182号、甬雪4号、黄叶361、九头芥、吴江雪菜等。

(二)播种育苗

1.播前准备

选择土壤肥沃、地势高燥、排灌良好、2～3年内未种过十字花科作物的田块作苗床。结合深翻每亩苗床施商品有机肥150～200kg和过磷酸钙15～20kg,做成1.2～1.5m(连沟)高畦,畦面泥土细碎平整。

2.播种

8月中下旬播种育苗,每亩苗床播种量0.2～0.3kg,苗床与大田比 1∶15～1∶20。播种前浇足底水，待水渗透后撒播，细土盖籽，上盖一层遮阳网。提倡防虫网覆盖隔离育苗。

3.苗期管理

出苗后及时揭除覆盖物。适时浇水，保持床土湿润。幼苗1～2 片真叶时进行第 1 次间苗，保持苗距 2～3cm；3～4 片真叶时进行第 2 次间苗，保持苗距 6～7cm。间苗时拔除杂草。每次间苗后追施薄肥水护根，一般用 0.1%～0.2%尿素浇施。苗期及时抓好蚜虫等病虫害防治。

（三）整地定植

1.整地作畦

选择土壤肥沃、疏松、地势平坦、排灌方便，2～3 年内未种过芥菜类蔬菜的微酸性至微碱性田块。定植前 7～10 天结合深翻每亩施入商品有机肥 150～200kg、三元复合肥 20～25kg 作基肥。整地作畦，要求深沟高畦，畦宽 1.2～1.5m（连沟），并开好腰沟和围沟，畦沟深 0.2m，腰沟深 0.3m，围沟深 0.3m。

2.定植

9 月中旬当幼苗 5～6 片真叶时定植。按行距 40～50cm、株距 20～25cm 定植，每亩栽种 4 000～4 500株（上海金丝菜可栽 6 000～6 500株）。定植前苗床浇透水，待水渗透后带土起苗，大小苗分级，高温天气选择晴天傍晚或阴天进行，栽种后浇好定根水。

（四）大田管理

1.查苗补苗

栽后 5～7 天进行田间查苗补苗。

2.追肥浇水

定植活棵后 10 天左右进行第 1 次追肥，每亩用碳酸氢铵15～20kg 和过磷酸钙 15～20kg 对水浇施，11 月初进行第 2 次追肥，一般每亩用三元复合肥 20～25kg 开沟条施。如遇持续天气干旱应于傍晚时在畦沟中灌水。采收前 25～30 天停止追肥。

3.中耕除草

定植后至封行前10～15天中耕除草1次，及时松土，除尽杂草。

4.防治病虫草害

防治病虫害应以预防为主，实行综合防治。优选采用农业防治、物理防治、生物防治。化学防治选用对口农药适时防治，合理轮换和混用农药，严格遵守安全间隔期。蚜虫选用10%吡虫啉可湿性粉剂2 000～2 500倍液或3%啶虫脒乳油1 000～1 500倍液喷雾防治，小菜蛾选用10%虫螨腈悬浮剂1 500～2 000倍液或5%氯虫苯甲酰胺悬浮剂1 000～1 500倍液防治，蜗牛选用5%四聚乙醛颗粒剂250～350g条施或点施于根际土表诱杀；禾本科杂草3～5叶期时，每亩用精喹禾灵25ml对水50kg喷雾。

（五）采收

株形完整未抽薹，蕻与叶相平时（蕻长8～10cm）晴天采收。采收时削平根茎，覆在畦面上晾晒至叶片自然变软，后剔除老叶、黄叶、病叶、泥块杂质等。

第五节 “大棚冬马铃薯—春秋两季哈密瓜（西瓜）”高效栽培模式

“冬马铃薯—春秋两季哈密瓜（西瓜）”栽培模式，主要是利用大棚设施冬春保温和夏秋避雨功能来实现一年三茬栽培，提高复种指数，增加经济效益。该模式栽培大棚马铃薯一般亩产量1 250kg左右，两季哈密瓜（西瓜）平均亩产量超过4 000kg，年平均亩产值在12 000元以上，经济效益十分显著。

一、茬口安排

冬马铃薯一般11月下旬至翌年1月上旬播种，3月中下旬至4月初采收；春哈密瓜（西瓜）在马铃薯采收前1个月播种育苗，马铃薯收获后定植，6月中下旬采收；春哈密瓜（西瓜）也可适当提早播种育苗,在马铃薯生长后期进行畦间套种。秋哈密瓜7月下旬至8月上旬播种育苗,秋西瓜7月上中旬播种育苗,出苗后7～10天即可定植,秋西瓜10月上旬、秋哈密瓜10月下旬即可开始采收。

二、大棚冬马铃薯栽培技术要点

大棚冬马铃薯栽培可参照第四章第五节。

三、大棚西瓜栽培技术要点

(一)品种选择

选择抗逆性强、品质优良的品种。中果型品种可选用早佳84-24、抗病948等;小果型品种可选用小兰、早春红玉等。

(二)播种育苗

大棚冬马铃薯后茬栽培,一般春西瓜2月中下旬至3月份播种,也可适当提早播种,在马铃薯生长后期畦面套种;秋西瓜7月上旬至8月初播种。大多采用实生苗,也可采用嫁接苗栽培。

1. 播前准备

选择离栽培大田较近,且地势高燥、排灌方便的大棚内进行,基质穴盘育苗或普通营养钵育苗。浸种前晒种1～2天,先用10%磷酸三钠溶液浸种20min,再用55℃温水浸种10～15min,搓去黏液清水洗净后在用25～30℃温水浸种,西瓜浸种6h。然后用湿布包裹在28～30℃下催芽。当西瓜种子有70%露白时即可播种。

2. 春季实生苗育苗

(1)播种。选晴天上午播种,播种前1～2天浇足底水。先在穴盘或营养钵中间扎一个1cm深的小孔,播种时种子胚根向下平放,覆基质或营养土0.5～1.0cm,覆盖地膜保湿。当幼芽30%出土后撤去地膜或及时破膜放苗。

(2)苗床温湿度管理。出苗前密闭苗床,温度保持白天28～30℃、夜间18～23℃;出苗后,温度白天20～25℃、夜间15～18℃;3～4片真叶到定植前7天,逐渐降低苗床温度炼苗。棚内保持干燥,在底水浇足基础上尽可能不浇或少浇水,叶片出现轻度萎焉时选晴天中午浇适量温水,水温接近苗床温度,定植前 5～6 天停止浇水。

(3)其他管理。幼苗期一般不施肥。如育大苗则需适当追肥,追肥结合浇水进行,以 0.2%～0.3%三元复合肥为宜。西瓜出苗后,部分秧苗发生"带帽"现象,要及时人工去壳。

3. 夏秋季实生苗育苗

于 7 月上旬至 8 月初播种的,播后苗床平铺一层遮阳网,搭小拱棚再覆盖一层遮阳网,出苗后及时除去平铺的遮阳网。出苗前一般不浇水,出苗后早晚适当浇水,保持钵体湿润。全苗后早晚揭去遮阳网增加光照,3 天后完全揭去遮阳网。夏秋育苗一般不用追肥。苗床上方每隔 2.0m 悬挂一张黄色粘虫板。

(三)定植

1. 整地作畦

选择地势高燥、排灌方便、土层深厚、土质疏松、通透性良好的沙质壤土或壤土地块。结合翻耕,每亩施充分腐熟有机肥 2 000～2 500kg、三元复合肥 50kg。精细整地作龟背形高畦,畦宽连沟 2.5～3.0m,其中沟宽、深各 30cm,铺设滴管带后覆盖地膜。实生苗栽培的应采取轮作措施,旱地一般间隔 5～6 年、水田一般间隔 3～4 年。

2. 定植

马铃薯收获后抓紧时间定植,也可在马铃薯生长后期进行套种。夏秋季栽培于 7 月下旬至 8 月中旬的晴天傍晚或阴天定植。每畦定植 1 行,中果型品种实生苗每亩定植 450～600 株、嫁接苗 400～450 株,小果型品种爬地栽培的每亩定植 500～600 株、立架栽培 1 200株左右。定植前在畦中间挖定植穴,定植后浇透定根水,穴口用细土盖严。夏秋季栽培的定植后搭小拱棚遮阳降温。

(四)定植后管理

1. 温度管理

春季栽培定植后适当保温,促进缓苗。伸蔓期白天棚温控制在25～28℃，夜间13～15℃。开花结果期棚温白天控制在25～30℃，夜间温度不低于15℃。夏秋季栽培前期通风降温，后期保湿。

2.肥水管理

追肥浇水通过滴管带进行。当西瓜拳头大时追肥，以后每采收一次后追肥，每亩施三元复合肥10～15kg。后期结合防病可喷施0.3%的磷酸二氢钾叶面肥。

3.整枝理蔓

采用双蔓或三蔓整枝。第一次压蔓应在蔓长40～50cm时进行，以后每间隔4～6节再压一次，压蔓时要使各条瓜蔓在田间均匀分布。坐果前要及时抹除瓜杈，坐果后应减少抹杈次数或不抹杈。

4.人工授粉

春西瓜选晴天上午8～11时进行，夏秋季西瓜选晴天上午5～8时进行。摘取旺盛开放的雄花，将其花粉均匀涂抹在雌花柱头上，同时做好标记。

5.留(护)瓜措施

一般主蔓第2～3雌花节位留瓜，及时垫瓜、翻瓜。

6.病虫害草防治

以农业防治为基础，辅以物理防治和生物防治，化学防治适时选用低毒低残留农药，做到经济、安全有效地控制病虫害发生。

(1)主要病害。主要病害有立枯病、蔓枯病、白粉病、病毒病、枯萎病等。苗期立枯病可每平方米苗床用3.3%甲霜·福美双粉剂0.8～1.2g拌土防治，蔓枯病可每亩用325g/L苯甲·嘧菌酯悬浮剂9.75～16.25g或22.5%啶氧菌酯悬浮剂8.75～11.25g喷雾防治，白粉病可每亩用30%苯甲·醚菌酯悬浮剂12～16g喷雾防治，病毒病可每亩用24%混脂·硫酸铜水乳剂18.7～28g喷雾防治，枯萎病可用4%嘧啶核苷类抗菌素水剂100～200mg/kg灌根或50%咪鲜胺锰盐可湿性粉剂333～625mg/kg喷雾防治。

(2)主要虫害。主要虫害有蓟马、烟粉虱、根结线虫等。蓟马、烟粉虱可每亩用10%溴氰虫酰胺可分散油悬浮剂3.3～4.0g喷雾防治,根结线虫可每亩用10%噻唑膦颗粒剂150～200土壤撒施或3%阿维菌素微囊悬浮剂15～21g灌根防治。

(3)主要草害。主要有阔叶杂草、一年生禾本科杂草等。阔叶杂草可每亩用50%敌草胺水分散粒剂75～100g土壤喷雾防治,一年生禾本科杂草可每亩用72%异丙甲草胺乳油72～108g土壤喷雾防治。

(五)采收

当西瓜皮色鲜艳,花纹清晰,果面发亮,果柄部的茸毛部凹陷并开始发软,瓜面用手指弹时发出空浊音时采收。一般按雌花开放后的天数推算,需远距离运输的应适当提前采收。

四、大棚哈密瓜栽培技术要点

1.品种选择

选择抗病、耐热耐湿性强的高产优质哈密瓜品种,如黄皮9818、东方蜜1号、甬甜5号等。

2.栽培季节

马铃薯后茬栽培哈密瓜一般在2月下旬至3月中旬播种育苗,6月中旬前后成熟;也可适当提早播种,在马铃薯生长后期畦面套种,采收期也可相应提早。秋哈密瓜栽培一般7月下旬至8月上旬播种,10月果实成熟。

3.播种育苗

(1)播前准备。种子去杂去秕,晾晒后用甲基托布津或多菌灵500～600倍浸种灭菌15min,捞出放入清水中洗净,再用55～60℃温水浸种,搅拌至30℃,再浸泡3h左右,捞出擦净后用布将种子分层包好,放置于30℃恒温箱内催芽。芽长不超过0.5cm播种,秋播种子露白即可播种。

(2)播种。采用营养钵育苗移栽的方法以确保壮苗,技术要点:一是钵面要平,苗钵间排列紧密;二是苗钵要浇透水,保证出苗期对水分的需求，待水下渗后播种；三是覆土深浅一致，厚约 1cm 为宜，播后轻轻压实。也可采用穴盘基质育苗技术育苗。穴盘采用 Ø50 塑料穴盘育苗，基质可选用杭州锦大公司生产的金色 3 号基质。每穴播 1 粒，播深 1.0～1.5cm，播后盖蛭石或基质，浇透水，春季搭小拱棚保温，秋季盖遮阳网。

4.定植

(1)整地作畦。哈密瓜忌瓜茬和连作，一般要求旱地轮作年限 6～7 年，稻田为 2～4 年。在富含有机质、通透性好的沙质土壤田块种植更为有利。前作收获后即行耕翻，耕翻深度 25～30cm。翻耕时亩施商品有机肥 1 000kg、含硫三元复合肥 30kg 和过磷酸钙 50kg 作基肥。作高畦并在畦间与瓜地四周挖深沟以利排水。大棚内畦面采用地膜全畦覆盖(春季白色地膜，秋季银灰色反光膜)。地膜铺设要求畦面整细整平。

(2)铺滴灌带和盖膜。地膜覆盖前，畦面先铺滴灌带，滴灌带距定植行 20cm 左右。地膜要全覆盖(春季白色地膜，秋季银灰色反光膜)，地膜铺设要紧贴畦面，膜边压紧压实，以利保持土壤含水量和降低棚内湿度。

(3)定植。先按株距挖好定植穴，深度与营养钵高度相仿。在起苗、运苗以及栽苗过程中应注意轻拿轻放，防止散钵。定植后及时浇好定根水。

5.田间管理

(1)温湿度管理。温湿度管理主要通过调节大棚通风来实现。春季栽培哈密瓜在定植后适当密闭大棚，缓苗后进行通风降湿。当哈密瓜进入开花坐果期，保持充足的光照，棚温控制在 30℃左右。秋季栽培哈密瓜前期以通风降温为主，后期气温下降后要及时保温，促进果实成熟，延长果实采收期。

(2)肥水管理。增施优质肥料是获得哈密瓜优质和高产的关键措施之一。在施足基肥基础上，在哈密瓜膨大期时进行 1～2 次追肥，追肥结合灌水进行，一般亩施三元复合肥 10～15kg，也可叶面喷施磷酸二氢钾溶液。哈密瓜整个生长过程不宜浇水太多。浇水应视土壤情况、地势以及哈密瓜的生育情况而定，一般可浇1次伸蔓水和1～2次膨瓜水。收获前15天停浇肥水，否则易引起哈密瓜裂果。

(3)整枝留果。主要有单蔓整枝和双蔓整枝两种。整枝选择晴天进行，不宜在雨天或有露水时进行，以免整枝伤口感染病菌。方式有二：立架栽培的采用单蔓整枝法，即主蔓晚摘心(25～28叶摘心)，去除主蔓基部侧芽，预留11～14节子蔓，子蔓于雌花前留1～2叶及早摘心。开花坐果节位以上的子蔓，应及早摘除；爬地栽培的采用双蔓整枝法，当瓜苗4～5片真叶时主蔓摘心，子蔓长出后选留2根最健壮子蔓；在子蔓上选留11～14节的孙蔓留瓜，带有雌花的孙蔓雌花前留1～2叶摘心，及早摘除开花坐果期内伸出不带雌蕾的子蔓。

(4)人工授粉。一般在上午7～10时进行，选择同品种异株上当天开放的雄花，掰去花瓣，将雄蕊在雌花柱头上均匀轻轻涂抹，每朵雄花可授粉2～3朵雌花。不提倡使用坐果灵，易导致哈密瓜畸形果的产生，降低果实的品质和商品性。

(5)疏果留瓜。当幼瓜长到鸡蛋大时，要及时疏果，留符合本品种特性、圆正、健壮的幼瓜，疏去畸形瓜、病瓜。爬地栽培双蔓整枝每株留2个瓜，立架栽培单蔓整枝每株留1个瓜。

(6)吊瓜。立架栽培一般在定瓜后开始吊瓜，用稍粗的塑料绳或者麻绳，也可采用网袋或托盘装瓜后用绳吊起，吊瓜高度与侧蔓在同一高度为好。

6.病虫害防治

(1)主要病害。大棚哈密瓜主要病害有蔓枯病、霜霉病、白粉病、病毒病等。防治措施：一是降低棚内湿度，主要通过加强通风、控制浇水、棚内地面覆盖地膜等措施来实现；二是勤于检查，一旦发病及时防治。蔓枯病可用有效药剂[64%噁霜·锰锌(杀毒矾)可湿性粉剂与70%甲基硫菌灵可湿性粉剂等量混合适量对水，可在其中加入适量农用链霉素]涂抹在病部周围。白粉病可每亩用4%四氟醚唑水乳剂2.7～4.0g或300g/L醚菌·啶酰菌悬浮剂13.5～18g喷雾防治。霜霉病可每亩用60%唑醚·代森联水分散粒剂60～72g,或18.7%烯酰·吡唑酯水分散粒剂14～23.3g喷雾防治。

(2)主要虫害。大棚哈密瓜主要虫害有烟粉虱、蚜虫、红蜘蛛等。应选用合适的杀虫剂进行防治。有关防治药剂可参照西瓜虫害防治。

7.成熟与采收

哈密瓜的品质与果实成熟度密切相关,过早采收,果肉内的糖分尚未完全转化,引起糖度低、香味不足;过熟采收,则果肉组织胶质解离,细胞组织变软,风味欠佳,降低食用价值,因而适时适熟采收十分重要。哈密瓜由于坐瓜节位、坐果期、品种的不同,成熟有先后,应陆续分批采摘,一般以8～9成熟采收较好。采收时选择在早上瓜温较低(20℃以下)、瓜的表面无露水时进行,瓜柄应剪成"T"字形,轻拿轻放,尽量减少机械损伤。

第六章　马铃薯种薯生产技术

第一节　马铃薯的退化

马铃薯的退化是世界各国种植马铃薯普遍遇到的问题，我国也如此。退化的地理分布，大致在北纬45°以南及海拔900m以下的地区。一般南方重于北方，平原重于山区。品种退化一直在限制和影响着马铃薯产业的健康发展。

一、马铃薯退化类型

马铃薯退化的主要症状是指经过连续几年种植后，产量明显降低(减产30%～50%)，品质变劣，如块茎变小、尖头、芽眼变深、薯皮龟裂，失去种薯利用价值；退化马铃薯其植株地上部表现矮小，茎叶较细弱、叶片小而上举或卷缩、皱缩或出现花叶斑，叶色变紫等。

马铃薯退化可分为病毒型、生理型两大类型。其中，病毒型又可分为卷叶型、普通花叶、重花叶、皱缩花叶、束顶、丛生等多种。

1. 卷叶型

由卷叶病毒(PLRV)引起，主要通过蚜虫传染，表现为叶片以主脉为中心向上卷曲，初感染时，顶端叶片首先卷曲，严重者卷成筒状。一般基部叶片卷得严重，由于淀粉在叶内积累，叶片变厚变脆。有的品种伴有茎部和块茎维管束坏死，有时叶背面呈红色或紫红色，叶柄与主茎呈锐角，植株矮化。一般减产30%～40%，重者可达80%以上。

2. 普通花叶

由马铃薯X病毒(PVX)引起，通过接触传染，主要特征是植株生长比较正常，叶色减退，浓淡不匀，表现明显的黄绿花斑，在阴天或迎光透视叶片，可见黄绿相间的斑驳。

3. 重花叶

由马铃薯 Y 病毒(PVY)引起，可接触传染，也可昆虫传染，叶片变小，并有花叶症状，有时叶脉坏死，严重时整株呈垂叶坏死，叶片和茎变脆，有褐黑色条斑，植株下部叶片早期枯死，但不脱落，顶部叶片轻微皱缩。

4. 皱缩花叶

由马铃薯 X 病毒(PVX)和马铃薯 Y 病毒(PVY)复合引起，主要通过接触传染，表现为叶片皱缩变小，叶尖向下弯曲，叶脉下陷，叶缘下折，植株矮小，呈锈球状，下部叶片早期枯死脱落。

5. 束顶

由纺缍块茎病毒(PSTV)引起，也称为纺缍块茎病，昆虫、实生种子和汁液磨擦都能传染。纺缍块茎病，又称尖头病、高齐克病和纤块茎病。轻感病株高度正常，重感病株表现矮化，分枝减少，叶片与主茎成锐角向上耸起，叶片变小，顶叶卷曲，有时顶部叶片呈紫红色，块茎由圆变长，成纺缍形尖头状，芽眼变浅，芽眉突起，有时块茎表皮有纵裂口。

6. 丛生

由类菌原体引起，植株分枝多丛生，叶片变小，病株矮化，约为正常株高的 1/3～1/2，块茎产生纤维芽，每穴抽出许多细弱的茎，呈丛生状。奇数羽状复叶变成小形单叶，茎节缩短，易形成气生薯，结薯多而小，无商品价值。

二、马铃薯退化原因

关于马铃薯的退化，多年来国内外有广泛研究，退化原因说法不一。主要可概括为品种衰老、病毒传染和生态抑制等 3 种。据我国研究结果分析，马铃薯感染病毒，是引起退化的主要原因，表现为植株长势衰退，株型变矮，叶面皱缩，叶片出现黄绿相间的嵌斑，甚至叶脉坏死，直至整个复叶脱落，造成植株生长失常，大幅减产。

侵染马铃薯的除病毒外，还有类病毒。目前，发现的病毒与类病毒已有20余种，其中，危害马铃薯的病毒有5～6种，类病毒1种，这些病毒除能单独侵染马铃薯植株外，还能与其他病毒复合侵染，因此，在通常情况下，同一植株上至少会有2种以上的病毒侵入。引起退化最严重的有卷叶病毒、轻花叶病毒、重花叶病毒，还有纺锤块茎类病毒。马铃薯种植的时间愈长，病毒积累愈重，减产幅度愈大。

1.影响病毒感染的内因

影响病毒感染的内因是马铃薯品种对病毒的抗性，如果品种的抗性强、耐病性大于病毒的致病力，则植株健壮，发病就轻，退化表现不明显；反之，品种的抗病性小于病毒的致病力，则病菌易侵入组织内部，植株表现病态，用这种有病毒株的块茎留种，就会一代一代传下去，逐年加重而发生退化。

马铃薯品种对病毒的抗性有不同的类型，主要有免疫抗性、过敏抗性、抗侵染性、耐病性。

(1)免疫抗性。免疫抗性也称极端抗性，具有免疫抗性基因的植株受到病毒侵染时，由于细胞中抑制病毒物质的作用，将病毒钝化，阻止了病毒在马铃薯植株内的增殖、运转与危害。马铃薯对某一病毒的免疫性，一般能抗该病毒的所有株系。由于受抗源的限制，育成的品种不可能对主要病毒都有免疫抗性，但有些品种对蚜虫传播的非持久性Y病毒具有免疫抗性，则表现退化速度缓慢。

(2)过敏抗性。过敏抗性是当病毒侵染马铃薯后，侵染点处的细胞由于酶的作用迅速死亡，在侵染处形成极小的坏死斑点，将入侵病毒局限于死亡的组织内而使其失活，成为阻止病毒进一步扩展危害的屏障，不再产生系统的周身症状，起到了保护作用，这是育成抗病毒品种中较多的一种抗性。根据植株过敏反应的速度和强弱，分为局部过敏抗性和系统过敏抗性两种类型。如“克新4号”品种感染马铃薯Y病毒后，产生系统过敏，表明植株皱缩、矮化，结薯很小，起到了在品种群体中汰除病原的作用。

(3)抗侵染性。这是马铃薯品种中最常见的抗性类型。这类抗性能避免或减少由蚜虫或机械接种引起的初侵染。“成龄株抗性”亦属于这种抗性类型。马铃薯的成株有较强的抗侵染性，亦即病毒在成熟植株中的增殖、运转速度缓慢，产生的症状轻微。具有田间抗侵染性的品种，即使感染病毒，由于抑制了病毒在植株体内增殖或扩展，虽经多年种植，仍表现了发病程度轻、病株率低。

(4)耐病性。耐病性是马铃薯对病毒抗性最差的一种类型。当马铃薯品种具有耐病性时，病毒能侵染并在植株体内增殖和系统转移，即寄主与病原共生，使马铃薯植株部分感病或完全感病，但有时不表现症状(即潜隐感染)，或症状轻微，对产量影响较小。耐病品种可成为带毒者，是非耐性品种的侵染源，通常被看作是马铃薯抗性的危险型。但在没有种薯生产体系和检测制度的地区，或在脱毒原种一开始就很快受侵染的地方，种植耐病毒性品种可以减轻病毒危害。

2. 影响病毒感染的外因

(1)外界环境。温度是导致马铃薯退化的间接因素。品种感染病毒与温度有密切关系，温度直接影响植株的生育与抗病性和耐病性。马铃薯起源于冷凉地区，其系统发育过程中形成了要求冷凉气候条件的特征，在高温条件下栽培，就会削弱马铃薯的生长势，从而降低或丧失对病毒的抵抗力而加重退化；同时，一定的高温，有利于某些病毒的繁殖与侵染。这也是低纬度、低海拔、高温度的南方，马铃薯退化快，而在高纬度、高海拔、低温度的北方，马铃薯退化慢的原因。

(2)传播媒介。植株与植株的接触、昆虫特别是蚜虫和跳甲的咬食或刺吸植物的汁液都会引起病毒的传播，从带毒株传给健康株；通过工具或人的衣服碰撞也能传毒。健康植株受感染后，病毒会在植株体内繁殖，增加数量，并在体内引起活动，引起不同症状。

三、马铃薯退化预防

1. 避蚜留种

针对病毒传播的途径，特别是蚜虫传毒的特点，在马铃薯种薯生产上采取防蚜、避蚜的措施，如把种薯生产基地设在蚜虫少的高山或冷凉地区，或有翅蚜不易降落的地区，或以森林为天然屏障的隔离地带等，由于防治了蚜虫传毒，可以收到良好的保种效果。

2. 茎尖脱毒

茎尖脱毒是利用病毒在植物组织中分布不均匀性和病毒愈靠近根、茎顶端愈少的原理，切取 0.2～0.3mm 的茎尖，通过组织培养，规模化生产微型薯，去北方繁育原原种，完成生产种在南方作为马铃薯品种使用。马铃薯品种有的经过茎尖脱毒可恢复品种的原貌，种薯增产 50%以上，有的可成倍增产。

3. 利用种子生产种薯

用实生种子生产的块茎称实生薯，实生薯一般不带病毒，但不等于在种植期间不感染病毒。据研究，实生薯种植 3 年后就无增产优势，需重新育苗生产种薯，及时更换实生薯，应注意的是在生产上应用实生种子，都必须经过严格选择后才能利用，因为结桨果的品种很多，但并非所有种子都能利用。

4. 整薯播种

整薯播种，可避免借切刀传毒、传菌，可以利用块茎的顶芽优势，长出较多的茎叶，增加光合面积，有利于多结薯、结大薯。还可节省切种所耗费的劳力，便于机械化播种。采用整薯播种，以秋播留种的小整薯为宜，这样既可以节省种薯，又能达到防止退化，提高产量的目的。在无秋播薯块可利用的情况下，也可以利用春播密植、早收留种的小整薯作种，但一定要注意严格淘汰薯皮粗糙、皮色暗淡、畸形怪状的小老薯。

第二节　马铃薯茎尖脱毒与种薯生产

茎尖脱毒技术就是利用幼芽茎尖生长点 0.2～0.3mm 病毒含量少的原理，进行组织培养，育成脱毒试管苗，进而繁育出无病毒种薯，解决退化难题。这项技术已成为防治马铃薯病毒的新途径，并在全球许多国家得到了广泛应用和推广，在我国也已取得巨大成就。

一、研究进展

（一）脱毒原理

通过研究，已基本查明了马铃薯茎尖脱毒的基本原理是基于利用了病毒在植物体内分布的不均匀性，即根尖和芽尖的分生组织含病毒量少或不含病毒这一现象。尽管导致这一现象的原因还未确定，但通过研究分析，可以推断可能是由以下因素引起。

（1）分生组织旺盛的新陈代谢活动。病毒的复制须利用寄主的代谢过程，因而无法与分生组织旺盛的代谢活动竞争。

（2）分生组织缺乏真正的维管组织。大多数病毒在植株内通过韧皮部进行迁移，或在细胞间通过胞间连丝传输，因为细胞与细胞间的移动速度较慢，在快速分裂的组织中病毒浓度高峰被推迟。

（3）高浓度的生长素。分生组织的生长素浓度通常很高，可能影响病毒的复制。

（二）影响因素

一系列研究和试验表明，影响茎尖脱毒效率的主要因素如下。

1. 茎尖大小、芽和病毒的种类

（1）茎尖的大小是最主要的影响因素，茎尖越小，病毒量越少，脱毒效率就越高，效果也就越好，但由于茎尖越小成活率反而越低，不易成苗。因此，脱毒过程中一般取0.2～0.3mm、带1～2个叶原基的茎尖，这样既保证了一定的成活率，又能排除大多数病毒。

（2）芽的种类以选择上顶芽为好，顶芽比腋芽不仅含病毒的机率要小，而且成活率高。

（3）在马铃薯6种常见病毒中，利用茎尖培养最易脱去的是卷叶病毒，最难脱去的是S病毒，由易到难依次为V（卷叶）病毒（PLRV）→A病毒（PVA）→Y病毒（PVY）→M病毒（PVM）→X病毒（PVX）→S病毒（PXS）。不能脱去的是马铃薯纺锤块茎类病毒。

2. 热处理的使用

为提高脱毒效果，茎尖培养还可与热处理结合使用。其方法是脱毒植株长到3cm左右时，进行变温处理(白天37℃处理12h，晚上25℃处理12h)28天。在一定的温度范围内进行热处理，寄主组织很少受伤害甚至不受伤害，而植物组织中很多病毒却可被部分或完全钝化。如高温预处理可以显著提高对PAMV、PVX和PVS的去除率。

此外，还发现病毒去除的其他一些因素，如病毒间的相互干扰；培养条件的优化程度、光照与营养元素、生长调节物质及抗生素的应用都会影响马铃薯茎尖脱毒效率。

(三)存在问题

目前有待深入研究的问题是：马铃薯脱毒技术虽然已在自然选择、物理学、化学、生物学等方面都作了大量研究工作，并取得了较大成绩，但在应用生物学方法中的茎尖培养过程中，对培养基中所加的植物生长调节剂的绝对浓度和配比及培养基的状态等研究上存在着较大分歧；热处理的使用虽然可以显著提高对有些病毒的脱毒率，但热处理法局限性很大，对一些球形病毒处理效果很好，但对线状病毒及杆状病毒处理效果并不是很好(如PVX、PVY等病毒)，且在一些温热处理比较敏感的材料应用上，存在一定困难；茎尖培养脱毒技术的脱毒效果很好，可是其剥离茎尖的操作必须人工进行，这给工厂化生产无毒苗带来一定困难。因此，有必要对影响茎尖成活、成苗及脱毒过程中的诸多影响因素进行比较系统的研究，寻找更为快速、有效、便于工厂化生产的脱毒方法，为以后的马铃薯脱毒技术人员提供一套切实可行高效率的脱毒途径。

二、脱毒苗生产

1. 脱毒试管苗生产

(1)脱毒材料的选择与病毒检测。用酶联免疫吸附法或鉴别寄主鉴定法，检测薯块带有何种病毒，做好记录，以备脱毒成苗后核查。精心选定对路的脱毒品种，一般选择具有原品种典型特征、生长良好或病毒症状轻微的植株系作为培养材料，对这些培养材料，可以直接切取植株上的分枝或腋芽，剥离茎尖进行培养。

（2）茎尖剥离、消毒及接种。待芽萌发长至1～3cm时，选取粗壮的芽用解剖刀切下，用自来水冲洗1h，沥干水分后，移到超净工作台或接种室（箱）继续操作：先用酒精或次氯酸钠、HgCl等进行消毒处理，经消毒处理后放入无菌水中反复冲洗，将其放在无菌滤纸（或纱布）上吸干水分。然后，将芽段置于无菌培养皿内，用双筒解剖镜，在30～40倍视野下，用解剖针一层一层剥去幼叶，待露出1～2个叶原基和生长锥后，用锋利的解剖刀切下0.2～0.3mm的尖端，立即接种到试管内MS培养基斜面上，每试管接种1个茎尖。在酒精灯火焰上灼烧管口灭菌后加盖棉塞。接种后在试管壁上书写编号，并在工作记载本中写明品种、管数、接种日期及其他事项。MS培养基的制备方法见本书附录一。

（3）茎尖培养。接种后的试管从超净工作台移出，置于组培室中培养。组培室温度20～25℃，光照强度2 000～3 000lx，每天光照12～16h。

茎尖成活后1个月左右即看到明显增长，相继抽出小叶和根系。在叶原基形成小叶后若未生根，可将茎尖转入无生长调节剂的培养基上，小苗就很快生根。经4个月左右发育成小植株，即试管苗。试管苗长到有4～5个节时，切去顶部，单节切段，每段带1片叶片，然后腋芽向上分别插于试管内的培养基上，或插入2个三角瓶（150mg）内的培养基上。培养30天后，形成6～7个节的小植株。然后将小植株单节切段，接种于3～4个三角瓶中。瓶中苗高10cm左右时，取2～3瓶进行病毒检测，在培养室中保留1瓶。经检测证实不带病毒的为脱毒苗，可繁殖利用。若检出病毒，则一律淘汰。茎尖培养的整个过程都要采取无菌操作，其基本方法参见本书附录二。

2. 脱毒试管苗快繁和微型薯生产

脱毒苗快繁与茎尖培养相同。脱毒试管苗长到6～7个节时，切取单节段，接种到100mg三角培养基上，每瓶接种5个节。在25℃，2 000～3 000lx，每天光照16h的条件下培养。25～30天后长成6～7个节的小植株，又可切段繁殖。脱毒苗繁殖数量，依无毒种薯需要数量而定。繁殖脱毒苗仍用MS培养基，人为降低生产成本，利用简化MS培养基，即去掉有机成分和部分微量元素，大量元素减半，以食用白糖代替蔗糖，把0.8%琼脂减为0.5%。培养基加用0.5%活性炭粉，可促进幼苗快速生长。

另外，还可利用试管苗诱导产生试管薯。试管薯又叫微型薯。一般直径5～6mm，重60～90mg，是无病毒块茎，可代替试管苗。在无菌条件下，将试管苗切成带一个腋芽的茎段，接种在150ml的三角瓶中，瓶内含30ml试管苗培养基，每瓶接6个茎段。在25℃，2 000～3 000lx，每天光照16h的条件下培养。培养40天左右，在试管苗长出10～15个叶片，株高10～15cm时，在无菌条件下再加入30mg微型薯诱导培养基，于12～18℃和黑暗条件下，诱导试管微型薯生长。20天后，培养温度升高到25℃，每天光照2～3h，50天后采收微型薯。

试管苗生长培养基用固体培养基或液体培养基。固体培养基的成分为：MS培养基基本成分加6-苄基线嘌呤(1mg/L)，加3%蔗糖，加0.6%琼脂，调至pH值5.8。液体培养基的成分为：MS培养基基本成分加6-苄基线嘌呤(0.5mg/L)，加赤霉素(0.4mg/L)，加2%蔗糖，不加琼脂。

诱导微型薯培养基可用无水杨酸的液体培养基，其成分为：MS培养基基本成分加6-苄基线嘌呤(5mg/L)，加8%～10%蔗糖，或再加入0.5%的活性炭，调至pH值5.8。还可用含水杨酸的诱导培养基，其成分为：MS培养基基本成分加6-苄基线嘌呤(5mg/L)，加水杨酸(0.5mmol/L)，加10%～20%蔗糖，pH值调至5.8。

第三节　脱毒种薯繁育体系建立

脱毒苗是繁殖脱毒种薯的基础,但要将脱毒苗生产成脱毒种薯,并在生产繁育过程中防止病毒毒源(如未脱毒的马铃薯、茄科植物等)、传毒媒介(如蚜虫、跳甲、飞虱等刺吸式昆虫)的再侵染,必须建立严格的脱毒种薯生产体系。

脱毒种薯生产体系有以下几种。

一、脱毒原原种生产

在气温相对较低的地方建造温室或防虫网棚,用脱毒苗和微型种薯做繁殖材料,进行脱毒原原种生产。生产中要严格去杂、去劣、去病株。这样生产出的块茎,叫脱毒原原种,按代数算是0代(或称当代)。

二、脱毒原种生产

在高海拔、高纬度、低温度和风速大的地域,与毒源作物有一定距离作为隔离区。使传毒媒介相对少一些,并由于风速大而使传毒媒介落不下,同时定期喷洒杀虫药剂。用原原种做繁殖材料,并严格去杂去劣去病株。这样生产出来的块茎,叫做脱毒原种,按代数算是一代。

以上原原种、原种称为基础种薯。

三、脱毒一级种薯生产

在海拔和纬度相对较高、风速较大、气候冷凉、与毒源作物有隔离条件、传毒媒介少的地方,用原种做繁殖材料,进行种薯生产。在生长季节打药防蚜,去杂去劣去病株。这样生产出来的块茎,叫做脱毒一级种薯,按代数算是二代。

四、脱毒二、三级种薯生产

在地势较高、风速较大、比较冷凉、有一定隔离条件的地块,用脱毒一代种薯或二代种薯做繁殖材料,进行种薯生产。在生产中要及时打药灭蚜,去杂去劣去病株。这样生产出来的块茎,叫做脱毒二级种薯或脱毒三级种薯，按代数算分别是三代和四代。

以上3个级别的种薯为合格种薯。二级种薯、三级种薯可直接用于大田商品薯生产，所生产出的块茎不能再当种薯应用。

在实际生产中，为了尽快普及推广应用马铃薯茎尖脱毒种薯，提高我国马铃薯生产的水平，使马铃薯种植者都能方便、及时地获得真正能够标准的脱毒种薯应用于生产，在远离马铃薯脱毒体系生产中心的地方，可以建立脱毒种薯繁殖田。在马铃薯种植较集中地区的有冷凉自然条件和技术力量的地方，可以由县(市、区)、乡(镇)政府和村或科技户组织，选出一些地势较高、温度较低、具备一定隔离条件的地块，按照1份繁种田可供10份大田用种的标准来计划繁种面积。用从临近马铃薯脱毒中心购进的一定数量的基础种薯，作为繁殖材料，按脱毒种薯繁种程序进行繁种。在种薯植株生长季节，请种子质量监督部门和植物检疫部门的人员，到田间进行检验和检疫。如果检验和检疫都合格，所收获的块茎就可供给农户做种薯使用。

第四节　马铃薯实生种子繁育

一、马铃薯的无性繁殖

马铃薯无性繁殖并非是唯一的最佳繁殖方式。长期以来，马铃薯生产只是利用其块茎繁殖，即无性繁殖。块茎是一种膨大而缩短了的变态茎，它既是营养器官又是繁殖器官。无性繁殖比较简单，便于栽培管理，生育期短，在生理和块茎质量等方面表现出一致性，在遗传稳定性上仍保持原品种的特征特性。它受生物或非生物的不利环境干扰较小，因为在植物发育早期就有较强的生活力。在保种和良种繁育体系、种薯生产中与马铃薯生产紧密结合的条件下，能获得增产。

然而，这种繁殖方式有其自身固有的缺陷：一是用种量较大，相应的生产投资增大。每公顷需1.3～2.5t块茎(每亩100～

150kg，有的需150～200kg），繁殖倍数较低，一般只有10～15倍；种薯体积大，水分含量多，贮藏库容量要求较大，调运较困难，途中因容易发生冻害腐烂，损失较大，因而费用较大。更主要的是由于无性世代繁殖，用退化薯作种，轻者减产10%～20%，重者减产70%～80%以上，种薯基地便是病毒生存并逐代传染的基地。这是无性繁殖致命的弱点。

20世纪70年代中期以来为解决马铃薯的退化问题，采用了组织培养的方法，切割茎尖脱毒生产健康种薯在生产上已占一定地位，增产效果显著。但马铃薯茎尖培养也不能完全解决问题，它能脱掉一些病毒，但有些病毒PSTV病毒则不易脱掉，而且对能脱掉的不同病毒的脱毒效果也不一样。品种间也存在差异，有的脱毒效果显著，有的则不很明显。由此可见，茎尖培养脱毒不是绝对的，而且培养出的无毒苗要经过严格的病毒鉴定（如血清法、指示植物法），确为无毒苗的，才能再进行隔离繁殖，并至少需要三级良种繁育体系，保障措施相应跟上，增产效果才会显著。加上茎尖培养法需要一定的投入、要有较高要求的仪器设备和相应技术力量才能付诸实施，普及较为困难。

因此，马铃薯不能只靠无性繁殖，无性繁殖并不是马铃薯唯一的最佳繁殖方式。

二、马铃薯有性繁殖的优点

马铃薯的有性繁殖，是通过自身所结的种子来进行繁育，它同禾本科农作物一样可一代接一代地繁衍后代。马铃薯有性繁殖的优点如下。

1.种子不带病毒

从健康无退化症状的植株上采种，所培育的实生苗基本上无病毒（除PSTV病毒），可以培养出无毒块茎（实生薯）。与茎尖培养相比，可省去茎尖培养的复杂程序和所采用的检验、鉴定法。马铃薯有性繁殖是最简单易行、经济有效的一种生物学汰除病毒的方法。

2.脱除和抵抗真菌与细菌病效应

国际马铃薯研究中心认为:出于实生薯是各种不同抗病基因型的群体,因此对晚疫病、线虫及其他病害的感染都比较轻,尤其是抗晚疫病效果较突出。1964年内蒙古乌盟地区晚疫病大发生,当地品种紫山药、里外黄田间发病率为100%,而紫山药×多子白,里外黄×多子白的实生薯二三代的发病率仅为4%。1976年乌盟农科所在该地区的兴和县、察右中旗、武川县等13个旗、县125个乡村调查,里外黄等品种环腐病因间发病率10%～15%,而实生薯仅3%～5%。对已感染环腐病植株上的马铃薯浆果40个进行检查,未发现浆果和种子上带有环腐病。

3.实生种子体积小,贮藏方便,贮藏期长

1g种子约1 600～2 000粒,无需大容积仓库贮藏,贮藏时间也长。加拿大曾在1958～1978年进行试验研究,表明在－18℃以下温度条件下干燥贮藏15～20年以后,仍有良好的发芽率。英国剑桥植物育种研究所曾比较了1954年的种子生活力,贮藏25年的种子在含有主要营养元素的培养基中催芽,大多数杂交种子发芽率为82%～100%。该所认为在6℃下贮藏的实生种子,甚至贮藏长达40年后仍具有很高的生活力。这是块茎种薯难以达到的。

4.种子繁殖用种量小,成本低

由于马铃薯种子很小,育苗栽培每亩只需5～6g,种子成本低廉。虽然育苗移栽用的劳动力要稍多一些,但在整体上仍然降低了总的生产成本。

5.有利于采用不同的育苗方式

在有性繁殖过程中,可充分利用当地自然气候的优势,采用不同的育苗方式。实生种子极小,便于航运和邮寄,途中无损失且费用少。利用马铃薯种子繁殖免去了块茎繁殖生产种薯的复杂生产程序。良种繁育体系方面,实生薯留种(不包括采种),只需两级良种繁育体系。较常规种薯或人工脱毒种薯减少一级体系,加快了投产使用。实生薯生产时间较短,被病毒感染的概率大大降低,保种也比较容易。

我国马铃薯实生种子的开发利用研究，始于20世纪50年代中期，至1972年后已有16个省(区、市)对该项技术进行了推广应用；1973年全国成立了马铃薯实生薯选用和自交系选育课题协作组，就有关实生种子利用、育种、栽培和留种等项目开展协作，并于每年召开总结交流等活动。至1979年，推广面积达到了40万亩。现在，该项技术已在西南地区得到普遍推广。

三、马铃薯有性繁殖应注意的几个问题

(1)马铃薯实生种子休眠期较长，大约半年左右，一般不能用当年收获的实生种子播种，最好用隔年的种子，在播种前应该做发芽试验，只有发芽良好的种子才能保证基本全苗。

(2)马铃薯实生种子很小，直播比较困难，生产上一般采用育苗移栽的办法生产脱毒种薯。先将种子播在盛有疏松基质的苗盘中育苗，待幼苗长出4～5片真叶时分苗，幼苗长到8～10片真叶时即可定植在大田中。

(3)栽培实生苗，用实生种子生产脱毒种薯，是一项非常细致和繁琐的工作，必须在温床中进行育苗。因实生种子粒小，休眠期长，不易发芽，必须进行人工催芽才能播种。播种必须仔细，苗床必须整细整平，管理一定要得当。出苗后1个月左右，苗长到4～5片真叶时要进行移栽与假植，待晚霜结束后，再定植到大田。实生苗生育期较长，易受传毒媒介的危害。因此，最好选择蚜虫少、土壤干净、隔离条件好的高山阴凉地区，否则种薯容易再感染病毒，迅速退化。一般二季作区不宜搞实生薯生产。

实生杂交种子种植所结的实生薯，一般带病毒很少，主要作为种薯使用。实生薯的优势可以保持3年，要注意及时更换，不然会造成减产。

实生种子的来源，必须是科研单位和种子生产单位。只有这些单位生产推广的种子才能使用。不可随便采收后应用，也不能购买来源不清的实生种子。

第五节　马铃薯高山异地繁种

生产脱毒马铃薯种薯，是确保马铃薯持续高产的一项关键技术。为达到这个目的，育种单位常选择在自然隔离条件好、温差大、通风好、有水源、光照充足、交通便利的高山地区，采用严格的网棚隔离措施进行异地繁殖。实践证明，凡通过高山异地繁育所选出的马铃薯种薯，经检测主要病毒均为0，完全符合脱毒原原种的要求。

高海拔地区一般都气候冷凉、温差大，不利于蚜虫繁殖，同时具有光照足、通风好等特点；自然隔离则能防止种薯退化，减轻病害发生；有水源条件就可以保证在干旱气候条件下马铃薯生长对水分的要求；交通便利可以为基地调种提供便捷的通道。这些都是生产脱毒马铃薯种薯必须具备的先决条件。但同时，也需要有较为严格科学的农业栽培条件，才能相辅相成，确保马铃薯高山异地繁种目标的实现。

一、选地、整地及施肥

种植脱毒微型薯的地块以地势较高、土壤疏松肥沃、土层深厚、排灌方便、土壤砂质中性或酸性的平地或缓坡地块为宜。切忌重茬，也不要在茄科类（蕃茄、茄子、辣椒）或白菜、甘蓝等为前茬的地块上种植，以防共患病害发生。要绝对避免在低洼、涝湿和黏重土壤地块种植马铃薯。否则，在多雨和潮湿的情况下，不仅会使马铃薯晚疫病发生严重，同时收获后的薯块容易腐烂，不耐贮藏。

整地的过程主要是深翻（深耕）和耙压（耙耱、镇压）。深翻在秋季进行，可纳雨水保墒，能冻死害虫。深翻要达到20～25cm。春旱严重的地方，应当随翻随耙压，做到地平、土细。

高山繁殖马铃薯脱毒种薯，施肥的原则应以有机肥为主，化肥作为补充；在施肥方法上应以基肥为主，追肥为辅。每亩施用充分腐熟有机肥 2 000～3 000kg 或三元复合肥 30～40kg 或马铃薯专用肥 50kg。

二、播种

首先，高山繁殖马铃薯脱毒种薯，要考虑的条件是高山栽培地的地温，一般 10cm 深处的地温应稳定在 5℃左右，6～7℃较为适宜。其次，高山繁殖马铃薯脱毒种薯，要考虑的条件是地墒，土壤过干过湿都不行，在阴湿地块，湿度大、地温低就要采取措施晾墒，如翻晒、起垄等，不要急于播种。土壤湿度“合墒”最好，土壤含水量以 14%～16%为宜。

高山繁殖马铃薯脱毒种薯，要采取宽畦密植或宽窄行的种植方法，以改变田间通风透光状况。宽畦密植，一般要求行距 65cm，株距 20cm 左右，播种密度 5 000粒/亩，播深 5cm 左右。宽窄行，宽行 80cm，窄行 20cm，株距为 27cm，每亩播种 5 000粒，播深 5cm 左右。

宽畦密植、宽窄行的增产机理是：能够改善田间通风透光状况；培土方便；有蓄水聚肥的作用；排灌方便。

三、田间管理

高山繁殖马铃薯脱毒种薯，在其生长前期要“以早促早”，后期管理以“保”为主，防病防虫，延长叶片功能期，延长植株寿命，增加产量。

(1)早中耕培土。中耕培土要分次进行，第一次在苗高 5～10cm 时进行，培土高度 3～4cm 即可。第二次在现蕾期进行，要大量向苗根拥土，培土要厚而宽，高度 6cm 以上。

(2)早追肥。结合第一次中耕进行追肥，促进植株早发育，增加叶面积，每亩追尿素 15kg。

(3)早浇水。马铃薯开花时正好进入结薯期，需水量很大，有条件的地方应在开花期进行人工浇水，不能浇得太晚，以防植株疯长影响产量。

(4)病虫害防治。同常规。

四、收获及贮藏

高山繁殖马铃薯脱毒种薯，种植地处于高海拔山区，气温较低，早晚易发生冻害，所以，要适时收获。一般在收获前 10～15 天要割除植株，运出田间，避免后期雨水将晚疫病菌带入地下侵染块茎而引起腐烂，种薯收获后要进行通风晾晒，待马铃薯表面水分蒸发后再进行装袋，尽量避免在收获运输、下窖过程中碰撞、挤压而造成各种伤害，减少病菌侵染机会。贮藏期间，要定期检查，发现病薯、烂薯及时处理，保持窖内清洁，如发现湿度过大，要及时通风，切断病菌蔓延。

第七章　南方马铃薯机械化作业技术

我国是全球马铃薯生产第一大国，但在马铃薯生产机械化水平上却远落后于世界水平，据统计，我国马铃薯耕整地、播种和收获的机械化水平分别是48.0%、19.6%和17.7%，这与当前国外发达国家平均机械化水平70%相比，存在很大差距。资料表明，发展马铃薯机械化作业具有良好的经济效益：机播可提高工效3倍，每亩省种10kg；与人工收获相比，机械收获效率可提高4倍，每亩减少漏收损失30kg，减少伤损20kg，每亩节约成本25元左右，并可缩短收获期；采用机械化规范栽培，每亩可增产250kg。发展马铃薯生产机械化，研究推广农机农艺高产高效配套技术，对提高其综合生产能力，保障食物安全，增加农民收入，具有积极意义。

第一节　南方马铃薯机械化作业的基本特点与技术要求

一、南方马铃薯机械化作业的基本特点

1. 种植以两季为主

南方地区马铃薯种植面积约占全国的8%，气候以热带、亚热带季风性为主，夏季高温多雨，冬季温和少雨，一般以两季种植为主，春季露地或地膜覆盖种植占主要比重，其次为秋季种植，少部分配以冬季设施栽培。

2. 机械化作业处于起步阶段

南方地区多丘陵山地，种植农户分散且规模较小，不利的自然

条件和种植习惯，制约了机械化程度发展和作业实施。目前，国内对马铃薯机械化小型作业机具的研制与供应还存在一定的空白，南方地区马铃薯机械化技术与应用尚处于起步阶段。

3. 机具小型化、农机农艺结合是推广方向

结合南方地区的生产实际，马铃薯机械化作业技术，较适宜在江河冲积地带、滨海旱作带和部分平原稻区发展马铃薯种植的区域推广，配套作业机械多选用相应具备机型小巧化、作业灵活化特点，技术上应根据当地传统种植习惯，研究制定符合当地机械化作业的种植模式和技术要点，在实施良种、良法配套高产技术的同时，实现农机、农艺有机融合（图7－1）。

图 7－1　4U－83 型收获机作业

二、南方马铃薯全程机械化作业技术要求

（一）机械整地

马铃薯机械耕整地过程主要是深翻耕和浅旋耕耙压。提倡前茬秋收后做好播前准备。包括深翻、灭茬、旋耕、耙地、施基肥等作业。有条件地区应采用多功能联合作业机具进行作业。提倡和推广保护性耕作技术。作业深度以打破犁底层为原则，一般为 30～40cm；深翻作业时间应根据当地降雨时空分布特点选择，以便更多地纳蓄自然降水；一般每隔 2～4 年进行一次。秸秆还田时，秸秆长度一般不宜超过 10cm。当地表紧实或明草较旺时，可利用圆盘耙、旋耕机等机具实施浅耙或浅旋，表土处理不超过 8cm（图 7－2）。如稻田地势低洼，土壤粘度大，应采取机械下管和机械筑埂等排灌措施。播前可进行机械旋耕作业，丘陵山地可采用小型微耕机具作业。黏重土壤的应根据需要实施深翻作业，提高土壤通透性。

图 7-2　旋耕机作业

北方地区春季播种马铃薯的土壤墒情大多是靠上年秋耕前后贮蓄的水分和冬季积雪融化形成，因此秋季整地要一次性完成，第二年春天只需开沟播种。南方地区春播马铃薯，在前作收获后，于播种前进行大田深耕，并于播种前一天进行浅旋耕，也可两者同步进行，将大田整细耙平。深翻耕要求耕深达到 25cm 以上，浅旋耕深度一般为 5cm 左右，整地后要达到地平、土细、上虚下实。

（二）机械播种

马铃薯机械化播种是一项集开沟、施肥、作畦、播种、施除草剂、覆膜等作业于一体的综合机械化种植方式，具有保墒、省工、节肥、深浅一致、行距统一、高效率、低成本等优点，采用机播不仅提高播种质量，确保及时作业，而且能为马铃薯中耕和收获等田间作业实现机械化提供可靠保证。

1. 播前准备

（1）地块选择。选择耕层土壤疏松、透气性好、肥力高、便于机械化作业的水稻田或平坦旱地。

（2）品种选择。按季节、栽培模式、栽培利用目的，选择适栽品种。南方地区日照夏长冬短，宜选短日型或对光照不敏感的品种。采取两季栽培的，宜选择早熟品种。

（3）确定播期。通常在发生晚霜前约 30 天开始播种。即日平均气温超过 5℃或 10cm 土壤耕层深处地温达 7℃时比较合适，使出苗期避过晚霜为害。

（4）种薯处理。播前应完成选薯、切薯块、薯种消毒、催芽等前期工作。针对当地各种病虫害实际发生的程度，选择相应防治药剂进行拌种处理。种薯出窖前15天要催芽,催芽方法可因地制宜选择。进行堆放或上面覆盖草帘催芽时,要待80%的芽萌动时开始切薯,切薯时要合理利用块茎上的每个芽眼,切刀需用药液处理,大小20~40g。切块不可过薄、过小,否则会影响出苗,不利于形成壮苗。为防止种薯块间粘结,需用草木灰或生石灰等拌种。

2.播种

(1)播期确定。适时播种是保证出苗整齐度的重要措施。当地下10cm处地温稳定在8~12℃时,即可进行播种。

(2)机具调试。开始播种前要进行一定距离的试播,首先把机具调到水平状态。种箱内加入种薯块,肥箱内加入化肥。种肥深度可以通过调整限深轮的高低来调整,还可通过主机上液压悬挂提升臂的长短来调整。播种量的大小主要通过更换带动升运链的链轮进行调整,链轮越小,播种量越大;反之,则播种量变小。施肥量通过改变外槽轮的有效工作长度来调整。待机具调试完毕,方可播种(图7-3)。

图7-3 2CM-1/2型播种机作业

(3)合理密植。合理的种植密度是提高单位面积产量的主要因素之一。根据马铃薯品种特性、收获季节、土壤条件等,调整好播种密度。积极采用机械化精量播种技术,一次性完成开沟、施肥、播种覆土(镇压)等多项作业,在不同区域可选装覆膜、施药装置。南方地区因春季雨水天气偏多,一般采用双行覆膜种植,畦宽100~110cm,行间距20~25cm,株距27~30cm,密度一般为每亩4 000~6 000株。为提早上市期可选择早熟品种,早熟的播种密度宜适当增加。播种深度(包括畦高)一般为12~18cm,其中，沙性土壤一般13～18cm，黏性土壤播深为10～15cm。播种行距和相应株距应按农艺要求的亩株数调整，行距要与中耕管理机具和收获机作业行距相适应，一般可选90cm左右（株距20～24cm）。机播时行距必须统一且垄线顺直，以免中耕时伤苗，造成减产。

(4)合理施肥。根据马铃薯的需肥规律，基肥于播种时用播种机集中沟施，按氮、磷、钾1：0.5：2进行配方，一般亩施三元复合肥125kg加硫酸钾25kg，或充分腐熟有机肥3 000～4 000kg，施尿素20kg/亩，过磷酸钙40kg/亩。种肥应施在种子下方或侧下方，与种子相隔5cm以上，肥条均匀连续。苗带直线性好，便于田间管理。

(5)作业要求。积极推广适合机械化作业的高效栽培模式。机械作畦的，种植行距宜采用40cm、50cm、70cm、75cm、80cm或90cm等行距尺寸，逐步向60cm、70cm、80cm和90cm行距种植方式发展。小四轮拖拉机匀速前行时，要求播行直、下种均匀、深度一致、机具翻垡好、耕后地表平整且地头整齐，中间不允许出现停车或倒退现象，避免重播、漏播。

(三)田间管理

田间管理机械化是南方马铃薯全程机械化的重要内容之一。田间管理主要包括中耕、除草和施药等作业。作业技术应根据种植方式选择适宜机具，机械作业宜轻巧、灵活，防止机械作业过程中对植株根系和茎叶造成伤害，促进作物健壮生长。

1.中耕除草

马铃薯中耕除草可促进根系发育。当植株长到20cm时进行第1次中耕培土，铲除田间杂草。苗期、现蕾时视情况而定，有必要的进行第2次中耕培土，长势差的地块可叶面喷施磷酸二氢钾，并加少量尿素。如种植时地膜覆盖的，可待大部分芽长到5～8cm即将出苗时，用开沟覆土机带肥下田，在开沟同时将畦沟土均匀覆于畦面，厚度一般2cm左右，地下茎将顶破地膜自动出苗。覆土时要调好机械作业的角度、深度和宽度，将畦沟的土尽量覆于膜上，使畦沟尽可能宽深一些有利于排水。这种覆土方式，与先破膜放苗后待苗高 20cm 左右再覆土方式相比，具有不伤苗、省工、保墒的特点。

在马铃薯出苗期中耕培土和花期施肥培土，应因地制宜采用高地隙中耕施肥培土机具或轻小型田间管理机械。田间黏重土壤可采用动力式中耕机进行中耕追肥机械化作业。在砂性土壤作畦进行中耕培土施肥，可一次完成开沟、施肥、培土、拢形等工序（图 7－4）。追肥机各排肥口施肥量应调整一致。依据施肥指导意见，结合目标产量确定合理用肥量。追肥机具应具有良好的行间通过性能，追肥作业应无明显伤根，伤苗率＜3％，追肥深度 6～10cm。追肥部位在植株行侧 10～20cm，肥带宽度＞3 锄，无明显断条。施肥后覆盖严密。

图 7－4　JL－3WG－5 型开沟机开沟覆土作业

2.植保作业

马铃薯的病虫害防治，除选用脱毒种薯、整薯播种、合理轮作及拔除病株措施外，还应在植保作业过程中，充分利用植保机械进行药剂的喷洒。机械喷洒农药时，要按所用农药的使用规定配好浓度，计算好机车行走速度和间隔宽度均匀喷洒，喷头和苗间距应≥40～50cm，要及时清洁喷头，防止堵塞。马铃薯晚疫病是最常见的一种病害，年年都有发生，在现蕾开花期必须用 25％的甲霜灵可湿性粉剂按每亩 50g 的用量进行喷雾防治。

植保作业必须严格按照国家无公害农产品生产要求，根据当地马铃薯病虫草害的发生规律，按植保部门的要求，正确地选用药剂及规定用量，依据高效机械化植保技术操作规程进行防治作业。苗前喷施除草剂应在土壤湿度较大时进行，均匀喷洒，在地表形成一层药膜；苗后喷施除草剂应在马铃薯3～5叶期进行，要求在行间近地面喷施，并在喷头处加防护罩以减少药剂漂移。马铃薯生育中后期病虫害防治，应采用高地隙喷药机械进行作业。要提高喷施药剂的对靶性和利用率，严防人畜中毒、生态污染和农产品农药残留超标。

3.机械中耕培土追肥

马铃薯应适时进行中耕培土追肥。一般分两次进行，第一次在出苗10天左右进行，中耕追施需要追施的氮、钾肥总量的60%，培土高5cm。第二次大约在出苗40天，苗高20cm左右，进入现蕾期后追施，再施入总量的40%，培土5cm，要求培严基部茎节。中耕培土必须调好机械作业的角度、深度和宽度，保证既不伤苗又培土严密。

4.节水灌溉

积极采用喷灌、膜下滴灌、沟灌等高效节水灌溉技术和装备，并按马铃薯需水、需肥规律，适时灌溉施肥，提倡应用肥水一体化技术。

（四）机械收获

南方地区一般采用杀秧、挖薯同步进行方式，收获期应根据成熟季节、市场价格以及天气条件灵活确定。机型及配套动力的选择必须针对当地的种植习惯、土质条件等各种因素进行综合考虑；作业过程中必须清除田间茎叶，挖掘时匀速前行，不重挖，也不漏挖，作业中更不能倒退，要求明薯率高、伤薯率小、挖净率高及机具作业效率高，省工省本。马铃薯挖掘深度一般要求保持在10～20cm范围，砂性土壤应深些，黏性土壤应浅些。在收获中尽可能减少块茎丢失和损伤，同时使薯块与土壤、杂草和石块分离彻底。要求轻度伤薯率<5%,严重损伤伤薯率<3%;要求块茎的含杂率<10%。挖薯后及时装袋出田,进行上市销售或妥善储存。

按地块大小和马铃薯品种,选择合适的打秧机和收获机。马铃薯收获机的选型应适合当地土壤类型、黏重程度和作业要求。在丘陵山区宜采用小型振动式马铃薯收获机,以防堵塞并降低石块导致的机械故障率,并有利于减小机组作业转弯半径。各地应根据马铃薯成熟度适时进行收获,机械化收获马铃薯先除去茎叶和杂草,尽可能实现秸秆还田,提高作业效率,培肥地力(图 7-5,图 7-6)。作业质量要求:马铃薯挖掘收获明薯率≥98%,埋薯率≤2%,损伤率≤1.5%。马铃薯杀秧机应采用横轴立刀式。茎叶杂草去除率≥80%,切碎长度≤15cm,割茬高度≤15cm。

图 7-5　1JH-360 型马铃薯杀秧机作业

图 7-6　4U-83 型机械挖薯作业

第二节　南方马铃薯全程作业机械化重点机具的发展动向

一、播种机械

(一)国外情况

第二次世界大战以后,欧美许多发达国家先后完成了由传统农业向现代农业的过度和转化,经过几十年发展,农业机械化水平已经相当完善,现在正朝着大型化、智能化、精量化以及多功能联合型方向发展。马铃薯播种机经过几十年发展和应用,其技术水平已经达到了相当完善的程度,无论是作业速度、生产效率、工作性能、播种质量,还是播种机具的通用性和适应性都做得比较好,这对降低漏种率、种子损伤率和提高单产量都有很大的促进作用。现在,一些发达国家正把不断更新播种机的工作原理、尽量完善其结构、延长机具使用寿命、降低制造价格和维护费用、提高工作效率、增强播种机的通用性和适应性,作为未来播种机研制的方向。

美国洛甘农机公司研制的 W90 系列的马铃薯播种机采用了新型开沟器,能有效防止种薯滚动,并可以迅速地覆盖种薯,使种薯的间距更精确;美国帕梅公司研制的马铃薯播种机采用自位轮锁定装置(可以使机具保持直线行驶)、不锈钢排种杯和种薯搅动凸轮。限深轮安装在开沟器附近,可以进行精确的深度控制。

前苏联别林斯科农机厂研究生产的 CAR-4 型马铃薯播种机可用于发芽的马铃薯块茎栽的条种,也可用于未发芽种块的栽植,还可以撒施化肥。

德国格瑞莫公司生产的 GL34/36 型马铃薯播种机有作业行数为 4 行和 6 行两种机型,能够一次性完成开沟、施肥、播种和覆土等作业,具有种薯间距稳定、作业质量高的特点;德国 GRIMME 公司生产的 VL19E 马铃薯播种机主要由带勺式排种器、芯铧式开沟器、覆土起垄圆盘、橡胶充气地轮、链条式传动机构和箱体等部分组成。该机具有传动平稳、结构紧凑、牵引阻力小、性能可靠和作业质量好等优点。

意大利的 F. LLISPEDO 公司，是意大利最大的薯类作物种植机械和收获机械制造厂，总部设在维也纳。该公司产品种类齐全，既有与手扶拖拉机配套使用的半自动单垄作业机械，又有与中小型四轮拖拉机相配套的自动单垄和多垄机械，适合不同规模的用户。

（二）国内情况

1. 现状

我国马铃薯种植的机械化水平尚处于初级阶段。随着马铃薯种植面积的不断增加和单产、总产迅速提高，其市场需求量在不断增加。但是，我国马铃薯种植现在还主要依靠人工种植，不但劳动强度大、生产效率低、薯品质量差，而且会造成株距和行距的不规范，种植过深或过浅，从而影响产量。

马铃薯是块茎类作物，马铃薯的机械化生产农艺有别于玉米、小麦等其他作物，其种植方式有切块播种与整薯直播两种，机械化播种作业要集开沟、施肥、镇压和覆土等作业于一体，这种作业方式有很多优点，但在技术上也存在一定难度，加上社会经济条件的限制。

目前，我国开发的马铃薯播种机类型主要有以下几种。

（1）2CM－1/2 大垄双行马铃薯种植机。这是一种具有开沟、播种、施肥、覆土功能的全自动机械化作业机具，与小型拖拉机配套，可一次性完成施肥播种的所有作业，具有节肥、省工、保墒和播种一致性好等许多优点，能大大提高经济效益和生产效率。但是，在试验过程中还存在一些问题：该型马铃薯种植机的链勺与链条之间有脱落的现象，链轮在使用一段时间后有链齿被打坏的现象（图7－7、图 7－8）。

（2）2BSMX－2 型双行马铃薯播种机。此机的排种器采用升运薯杯形，排肥器是外槽轮式，具有体积小、质量轻和有利于在小地块实施作业的优点。将它与功率为13.7～17.7kW的小四轮拖拉机配套，可以一次性完成马铃薯的播种、施肥、铺膜等作业。

图7-7　2CM-1/2大垄双行马铃薯种植机

(3)2CMF系列马铃薯种植机。此机可一次性完成马铃薯播种的深翻、施肥、开沟、播种、注水、起垄和镇压等工作。在播种过程中，可以调节行距、株距、施肥量，使用该机播种后，出苗率较高，播种均匀，具有作业质量好、效率高、性能可靠等优点。

图7-8　2CM-1/2型大垄双行覆膜马铃薯播种机

2.存在问题

(1)功率消耗大，生产效率低。国内生产的部分马铃薯播种机生产效率远低于国际平均水平。从能源消耗角度来讲，目前，我国的马铃薯播种机也存在很大的不足。其主要表现是：与国际上同类型的机型相比，作业所需要的配套动力大。

(2)可靠性和适应性较差。机械强度不够，加工工艺相比欧美发达国家较为落后，如培土犁、培土圆盘材料强度不够，容易折断；开沟器的可靠性也相对较低，容易变形和产生疲劳断裂。与国外先进的马铃薯播种机相比，我国生产的播种机在可靠性和适应性方面都有一定差距。

(3)机型偏小。国内生产的马铃薯播种机的机型基本以小型为主,这种小型机比较适合在小块地作业;但在大面积作业的时候,效率比较低。与国外相比,在大型机的研究及推广上还存在一定差距。

(4)播种质量差。我国马铃薯播种机的播种质量还有待提高,应进一步降低马铃薯的漏播和重播率,减少消耗,降低种植费用。

3.解决对策

(1)要做好马铃薯播种机关键零部件的研究、试验以及优化工作,通过选用合适材料,然后经过严格的机械加工来提高关键零部件的强度和刚度,使其寿命达到设计要求。

(2)在马铃薯播种机上加装合适的机械电子装置、液压装置,以提高马铃薯播种机的自动化水平,使播种更加精确。同时,还可使机身更加紧凑,减轻机身质量,从而减少配套动力的功率消耗,提高效益。

(3)针对不同的地形、地块的差异研究不同类型的马铃薯播种机,既要生产出适应小地块的机动灵活的小型机,又有针对大面积作业的大型机,从而提高作业效率,降低牵引装置的功率。

4.发展趋向

近几年,经过我国农业工程技术人员的努力,马铃薯播种机正不断地得到改进和优化。

刘小娟论述了2CMFL-2型马铃薯播种机主要部件——排种器的结构设计、参数选择及合理配置,解决了传统种肥箱存在的问题,为今后马铃薯播种机的设计提供了依据。同时,这种设计结构及其配置方式使得整机的工作性能更加稳定、生产率显著提高,进而更能满足马铃薯播种的农艺要求。该机器采用了节距30mm的钩形链一勺式排种机构。该排种机具有可靠性高、造价低、株距调节方便和维护简便等特点。

内蒙古农业大学的赵满全研制出了2BSL-2型马铃薯起垄

播种机。该播种机选用芯铧式开沟器，主要由芯铧、翼板、输种管和护种罩等组成。该播种机开沟器的特点是：播种机工作时，它具有前棱和两侧对称的曲面结构，可以使土壤沿曲面上升，并将表层干土块、残茬向两侧抛出，然后翻倒。但是，使下层湿土上翻，不利于保墒，还会使开沟阻力较大，不适合高速播种。其优点是：入土性好，结构简单，对播种的前整地要求不高。此外，该播种机选用了搅刀拨轮式施肥装置。该机具的播种装置主要由种箱、排种链勺、链轮和前后护种管组成。种箱的下部形状是锥形，箱底的倾斜角度大于马铃薯下落的自然休止角。因此，种箱内的种薯都能自然地沿着种箱壁下落，而底部的横截面的大小几乎与排种勺的大小相等，一次仅有 1 个排种勺可以通过。这种结构使排种勺舀取马铃薯的几率大大增加。另外，该结构还具有株距均匀、运转平稳等优点。田间试验结果表明：该机能满足农艺要求，大大减轻了农民的劳动强度，性能稳定可靠。

青岛洪珠农业机械有限公司研制生产了 2MB－1/2 型大垄双行覆膜圆盘型马铃薯播种机，具有成本低、效率高的优势。与人工种植相比，该机的主要指标和农艺的满足程度较高。其主要的性能特点是：能在多种土壤上作业。在播种过程中，可以根据土壤情况和用户需要调节行距、株距、播深和起垄的高低。该机具可一次性完成喷除草剂、开沟、播种、施肥、起垄和铺膜等工作，具有工作平稳、结构紧凑、适应性强和布局合理等优点。它能使种子在土壤里呈三角形分布，合理利用空间，还有利于增收和提高马铃薯的商品率。

为满足南方冬马铃薯播种的需要，彭梦男等人从当地马铃薯播种的农艺要求出发，分析现有马铃薯播种设备的特点，设计了链勺式的播种方案，确定了分级结构，并用三维软件绘出了马铃薯播种机的结构图。最后，对机具上的关键零部件进行了结构强度分析和参数计算，为后期制作样机提供了理论基础。

二、马铃薯收获机械

(一)国外现状与发展动向

国外马铃薯机械化收获起步早、发展快、技术水平高。从20世纪初开始发展,到80年代初,多数国家通过了马铃薯联合收获机直接收获的方式,或挖掘一捡拾装载机加固定分选装置来进行分段收获的方式,相继实现了马铃薯生产机械化。其机器具有生产效率高、技术水平高以及稳定性高的"三高"特点,并广泛应用当前高新技术。例如,在生产制造方面,采用虚拟制造技术、微细加工、激光加工技术、电磁加工技术、超塑加工技术以及复合加工技术等先进制造技术,大大提高了国外机具的制造精度和生产效率,降低了制造和使用成本,提高了作业效率和国际竞争力;在工作方面,采用振动和液压技术进行仿形挖掘,采用传感技术控制土壤喂入量、马铃薯传运量以及分级装载,采用气压、气流和光电技术进行碎土及分离清选,并搭载了基于PDA/GPS/GPRS/GIS等技术的农机终端操作系统,可利用微机完成相关的监控、控制和调度等操作。

目前,国外马铃薯收获机中挖掘机比例显著下降。马铃薯挖掘机主要集中在一些以山地面积和种植田块小且分散为主的国家,如意大利、波兰、韩国和日本等,而德国、美国和比利时等国家主要以应用马铃薯联合收获机为主。其中,根据联合收获方式不同,又分为分级装袋式、机载储物箱式和侧输出式。相关代表机型如下:

波兰Akpil公司考虑到波兰土地制度以及马铃薯田块特点,生产马铃薯挖掘机和联合收获机。该公司生产的BULWA2系列挖掘机,配套动力约为25kW,将挖掘出的马铃薯条铺于田间。其中,BULWA2-2整机总长为5 000mm,机宽为1 660mm,高度在1 200mm左右,设有两级升运链式土薯分离装置,其中,一级土薯分离装置震动幅度可以调节,适用于625~750mm的行距;而BULWA2-1仅有一级土薯分离装置,整机总长为4 000mm,在其他各方面同前者相似。

德国格力莫(GRIMME)公司马铃薯联合收获机技术处于全球领先水平,其新型4行、360kW的TECTRON415全功能收获机(图7-9所示),装备有10t料箱,同时还设有侧提升臂,使得该机可以实现真正意义上的不间断作业。该机总长12.2m,宽3.3m,高4m,是世界上最大且最易操作(调头半径仅1.1m)的马铃薯联合收获机,自动化程度极高,可以收获马铃薯、胡萝卜以及甜菜等块茎作物,使其利用效率更高。同时,该机上应用的CCI200具有支配性意义的兼容性农机终端操作系统,获得了德国Agritechnica农机展金奖。

图7-9 德国TECTRON415马铃薯联合收获机

国外马铃薯收获机械现状表明,马铃薯收获机械朝着大型自走式、机电和液压一体化、联合作业、较高稳定性和实现互换性的方向发展。该类马铃薯收获机具有生产效率高、收获质量高、劳动强度低、作业成本以及相对购置费用低等特点。国外马铃薯收获机械现状为我国的马铃薯收获机械化事业指明了方向。

(二)国内现状与发展动向

国内马铃薯收获机械化的发展总体分为3个阶段。

一是人工铁锹抛和犁挖阶段。新中国成立初期,工业落后,在此环境下国家对马铃薯机械的研发几乎处于零状态。另外,相关配套动力的限制也最终决定了当时马铃薯的收获只能采用较为落后的收获方式。

二是小型挖掘机挖掘由人工捡拾阶段。20世纪60～90年代,由于手扶拖拉机以及小四轮拖拉机的推广应用,相关部门在消化吸收国外先进技术的同时,开始了国内马铃薯挖掘机的研制。

马铃薯收获方式主要是依靠小型挖掘机挖掘，铺放在田间，再由人工捡拾装袋，效率依然低下。

三是中小型马铃薯挖掘机及少量大型联合收获机应用阶段。20 世纪 90 年代后，随着劳动力成本提高，北方一些马铃薯种植大户和农场，开始采购国外先进大型马铃薯联合收获机械。同时，国内相关研究部门及企业根据国内情况把研发方向定格在中小型马铃薯收获机械的研制上，多数机型多可实现两行及两行以上的收获，有的配备侧输出提升臂，进一步提高了收获效率。

目前，国内应用的马铃薯收获机机型种类繁多，其中，大型联合收获机却完全依靠进口。国内研发主要集中在中小型挖掘机、少量的大型挖掘机以及自动化程度不高、机型不大的联合收获机方面。

图 7－10　4UFD－1400 型马铃薯联合收获机

甘肃农业大学工学院研制的 4UFD－1400 型马铃薯联合收获机（如图 7－10 所示）适用于中等地块且能同时实现分级装袋，可以一次性完成马铃薯挖掘、土薯分离、茎秆、杂草及地膜分离、薯块输送升运、薯块分级和收集装袋等工序，大大提高马铃薯收获的工作效率和劳动生产率，解决了马铃薯生产中存在的突出问题。该机可方便与 45～58.8kW 拖拉机配套，适应我国中等地块作业。

目前，马铃薯收获机械研制正由条铺式挖掘机向联合收获机方向发展，但总体机械化水平仍很低。主要表现如下。

1. 市场管理方面

当前，随着马铃薯机械化收获需求增大以及国家政策的扶持，国内马铃薯收获机的研发和生产发展较快。截至当前，全国涉及马铃薯收获机生产的厂家和科研单位有100家左右，但分布不均，多集中在山东省；而甘肃和云南等马铃薯种植大省较少，市场管理混乱，多数公司资金不足和研发能力不强，研发过程主要是将市场购置相关机型，进行反复拆装，基本没有改进，生产的产品多数为小型马铃薯挖掘机，并且加工粗糙，产品稳定性差。另外，相关职能部门对产品质量的监督检测不到位，特别是相关农机购机补贴范围审核不够认真，导致很多假冒伪劣产品充斥市场，严重损害了广大农民的切身利益。

2.农机农艺结合方面

由于国家相关土地政策、地形、气候和土质等因素，当前国内马铃薯种植多以农村小片分散状的生产方式为主。多为人工种植，不够整齐，在种植方式上既有平作，也有垄作，有的铺膜，有的不铺膜，并且各地种植垄距和深度等不尽相同。当种植行距和拖拉机轮距、收获机挖掘铲间距不适应时，往往导致挤伤薯皮、漏薯、压碎和铲切薯块的结果，直接影响收获质量和农民切身效益。

3.技术方面

目前，国内马铃薯收获机械以小型为主，动力要求不高，功能单一，多以输出的方式将马铃薯平铺于地面，也有少数侧输出或带有料箱的机型。结构比较简单，价格相对便宜，但所采用的整体式挖掘铲造成机器在作业过程中阻力相对较大，对垄高、土质以及收获时间的适应性差，使用寿命短。多数机器不具备二次土薯分离装置，并且马铃薯后输送效果欠佳，导致已经挖掘出的马铃薯被土壤二次掩埋以及壅土现象的出现，明薯率相对较低。

4.使用方面

当前，马铃薯收获机械用户多为农民，农机专业户不多。由于对机器的了解不够，往往造成“大马拉小车，小马拉大车”的牵引动力不配套问题。对于一些电液控制自动化程度相对高的机型，操作人员往往很难准确地控制入土深浅，造成频繁停车甚至损坏现象发生，影响收获效率；而当前马铃薯机械相关零部件没有系列化，厂家售后服务不完善，导致用户自行维修，为以后的安全埋下隐患。同时，由于机器功能单一、收获时间较集中以及各地种植习惯不同，机器利用率较低，使得农民购机热情不高。

如何解决上述问题，应当采取的对策如下。

1.市场管理方面

整合资源，加强联合，提高农机企业准入门槛。质监部门应提高对农业机械假冒伪劣监管的重视，加大对相关产品的抽查力度，建立生产与销售共同责任机制。严把入选农机购置补贴目录产品质量关，避免国家政策成为个别商家以次充好、欺骗消费者的噱头。督促相关厂家完善售后服务体系，确保所生产的马铃薯收获机在出现故障时能及时得到解决，避免用户不必要的经济损失。

2.农机农艺结合方面

机具的适用性和性能指标的高低与农艺措施密切相关，农机农艺结合也是发展现代农业的必然要求。相关部门要共同制定农机农艺相结合的技术方案，实行规范化种植，为机械作业创造条件。大力推广普及马铃薯标准化种植，为实现全程机械化生产奠定基础。加大宣传力度，提高购机补贴力度，建立示范基地，对农户进行技术培训，让农民直观认识到机械化生产的效益。加快土地流转步伐，推行规模化生产，为大型马铃薯联合收获机具的应用创造条件。

3.技术方面

对马铃薯收获机械要进行全面、深入的试验研究，加强对国外先进技术装备的消化吸收和自主创新能力。采用新材料、新方法和先进工艺，提升产品的技术水平和技术含量。组织科研单位和相关企业联合攻关，解决技术难题，提供操作方便、适应性强、功能全、实现互换性以及具有较高技术含量的收获机械，满足生产需求，降低劳动强度。相关部门要加强管理，保证设备质量，同时要避免重复研究，造成经费浪费。

4.使用方面

相关部门应大力扶持、引导和发展马铃薯机械化生产合作组织与农机大户，积极引导其购置专用机具，并为其提供技术培训和相关资料，提高农民对机具的操作水平和熟练程度。构建信息网络，建立高效生产的运行机制，提高机具利用率。相关企业应提高责任感，对产品的质量、设计、使用进行针对性培训。随着马铃薯主粮化的推进，大力发展马铃薯全程机械化已是势在必行，各地根据不同的情况，从实际出发已经开发研制了许多适用的马铃薯作业机械并与相关的动力机械配套。如在耕作机械上，宁波研发的北野404拖拉机、北野504拖拉机、山东的1L-420四铧犁、ILYQ驱动耙；在播种机械上开发的2CM-1/2型马铃薯播种机、TD-404HS马铃薯播种机、山东的RFGQN-120起垄施肥一体机；在田间管理机械上开发的JP75-300移动式喷灌机、担架式RS-25D动力喷雾机；在收获机械上，TX-SYJ采前杀秧机、亚泰4U-1300型、中机美诺1520型马铃薯收获机等机具，都基本能适应南方马铃薯全程作业机械化的需要，可供应用(表7-1)。

表7-1　南方马铃薯全程机械化作业机具配置参考表

类　别	机具名称	型　号	备　注
耕作机械	拖拉机	北野404	宁波产(40HP)
	拖拉机	北野504	宁波产(50HP)
	四铧犁	1L-420	山东德州
	驱动耙	ILYQ	山东禹城
播种机械	马铃薯播种机	2CM-1/2型	配套动力3Q-60马力
	马铃薯播种机	TD-404HS	配套动力35马力

续表

类　别	机具名称	型　号	备　注
田间管理机　　械	起垄施肥一体机	RFGQN－120	山东潍坊
	移动式喷灌机	JP75－300	江苏徐州（肥药水兼用）
	动力喷雾机（植保）	担架式 RS－25D	台州荣盛
收获机械	采前杀秧机	TX－SYJ	配套动力 10～15 马力
	采前杀秧机	1JH－100 型	配套动力 20～35 马力 山东青岛
	马铃薯收获机	亚泰 4U－1300 型	配套动力 50 马力 山东禹城
	马铃薯收获机	中机美诺 1520 型	配套动力 50～80 马力 北京朝阳

第八章　马铃薯病虫草害及其防治

危害马铃薯的病虫害有300多种，一般因病虫减产10%～30%，严重的减产70%以上。马铃薯病害主要分为真菌病害、细菌病害和病毒病。国内较常见的病害有15种，其中，晚疫病、环腐病和病毒病通称“三大病害”。马铃薯害虫分地上害虫和地下害虫，其中主要的有马铃薯块茎蛾、金针虫、茄二十八星瓢虫等。

第一节　马铃薯病虫草害综合防治

马铃薯病虫草害防治是马铃薯生产的核心技术。由于马铃薯病虫害种类多，发生态势复杂，特别是近年来，种薯与产品的流通，冬春大棚保护地栽培的发展，为病虫草害的滋生蔓延提供了条件，多种病虫草害往往同时发生，先后为害，不仅造成当季减产，而且对后茬也产生不良影响。因此，在实际防治中，必须纵览全局，讲究策略，坚持“预防为主、综合防治”的植保方针，贯彻落实“公共植保、绿色植保”的理念，综合应用农业、物理、生物等防治措施，辅以使用化学防治措施，因地制宜组装配套技术体系，提高马铃薯防治技术到位率，实现马铃薯病虫草害的全程控制。

马铃薯病虫草害综合防治方法主要包括植物检疫、农业防治、物理机械防治、生物防治、化学防治等五大类。

1. 植物检疫

根据国家植物检疫法规、规章，严格执行检疫措施，防止危险性病虫杂草随种薯、其他繁殖材料等邮寄或托运而传播蔓延。目前，被列为马铃薯全国性农业植检对象，或中国进境检疫一、二类危险性有害生物的有：马铃薯癌肿病菌、马铃薯黑粉病菌、马铃薯帚顶病毒、马铃薯黄化矮缩病毒、马铃薯甲虫、马铃薯金线虫、马铃薯白线虫、马铃薯鳞球茎茎线虫等8种，需严格按规定进行检疫。

2.农业防治

农业防治是病虫草害综合防治的基础。其基本原理是采用生态的和栽培的措施，来铲除或减少病源与虫源，增强植株生活力和对病虫的抵抗能力，以及改变环境条件，使之有利于植株生长发育，不利于病虫草害发生。

(1)利用抗病、抗虫品种。利用抗病、抗虫品种是防治植物病虫害最有效、简便、经济的途径。

引进抗病品种时，应注意两地生理小种类型的异同，先引入少量种子或种薯，在当地进行抗病性鉴定，确认抗病后，再扩大引进和示范推广。

我国已选育出马铃薯抗Y病毒的品系和品种，抗晚疫病、抗环腐病、抗癌肿病、抗黑胫病的品种选育也已取得明显成效，对其他病毒和类病毒的抗病育种工作，也有不同程度进展。唯青枯病的抗病育种有待进一步探索。

(2)使用无病繁殖材料。马铃薯多数病害随种薯传播，生产和使用无病种薯或其他无病繁殖材料，可以防止病害传播和压低菌源数量，是防治马铃薯病害的关键措施。马铃薯茎尖脱毒和脱毒种薯繁育体系，确保了无病优良种薯的生产和供应，已在前面介绍。此外，直接播种小整薯可杜绝切刀传播病害，降低环腐病、黑胫病的发病率，且整薯播种一般不会烂种，显著减低青枯病和病毒、类病毒的发病率。其次以实生种子生产的实生薯作种薯是防止马铃薯退化的一项重要措施。

我国西南地区多使用实生种子生产种薯，并连续种植无性系后代4～5年。20世纪80年代以来，已经用杂交实生种子代替了“克疫”天然实生种子，对晚疫病的抗病性、块茎性状、一致性、食味、产量等都有显著提高。

(3)合理轮作和间作套种。马铃薯最忌连作,不能直接和其他茄科作物如茄子、辣椒、番茄等换茬种植,甜菜等块根作物也不宜与马铃薯轮作。可与粮、棉、非茄科类蔬菜、玉米、豆类等进行间作套种,减轻病虫害发生。

(4)实行田园清洁措施。收获后要及时清除田间病株、虫株残体、残薯、落叶,以减少越冬或越夏菌量虫量,减轻下季作物的病虫为害。当田间出现中心病株、病叶时,应立即拔除或摘除,带出田外深埋或集中烧毁,能阻止或延缓晚疫病、黄萎病、黑胫病、青枯病等病害的扩展蔓延。拔除的病株,需携出田外烧毁或深埋,病穴应施药消毒。马铃薯甲虫是重要检疫害虫,在未发生地区一旦发现,应立即割蔓销毁,喷药处理土壤。黄萎病防治困难,初发田块应坚持拔除病株,将病害消灭在点片发生阶段。马铃薯生长期间温湿度条件有利于杂草发生,采取机械或人工除草,控制草害发生,阻断病虫害的传染途径。

3.物理机械防治

昆虫对外界刺激如光线、颜色、气味、超声波等会表现出一定的趋性或避性反应,利用这一特点可以进行诱杀或驱避害虫,减少虫源。

(1)诱杀法。利用害虫的趋性(趋光性、趋化性),采用黑光灯或种植某些诱集植物等诱杀害虫。如利用害虫的趋黄性用黄板诱杀蚜虫;利用糖、醋、酒配制成糖醋诱杀液诱杀地老虎、金龟子等害虫;利用马粪、麦麸诱集蝼蛄等。

(2)人工捕杀害虫。当害虫个体较大、群体较小、发生面积不大时,进行人工捕杀效果较好。如利用金龟甲成虫等具有假死性可振落捕杀;薯地发现地老虎、蛴螬为害后,可在被害株根际扒土捕捉;对活动性较强的害虫也可利用各种捕捉工具如捕虫网进行捕杀。

4.化学防治

化学农药防治仍是目前防治病虫草害的重要而有效的手段。

其突出优点是高效、快速，使用方便、防治对象广谱，但易导致病虫产生抗药性、杀伤天敌、污染环境、农药残留为害人体健康等。因此，在马铃薯生长期间要根据病虫草害发生种类，选择使用合适的农药品种和剂型，适期适量用药，遵守农药安全操作规程，提高喷药质量。如种薯播种前，应采取土壤处理和药剂拌种等措施；如扑虱灵对白粉虱若虫有特效，而对同类害虫蚜虫则无效；喷药时要均匀周到，防止隔株漏行。如有的害虫躲在叶背，就要向着叶背喷药，喷药一般应在无风的晴天进行，阴天或将要下雨的时候不宜喷药，以免雨水冲刷，影响防治效果。

5. 生物防治

生物防治是指利用各种有益生物或生物的代谢产物来控制病虫害的发生与为害。可以取代部分化学农药的应用，减少化学农药的用量，且不污染薯田和环境，有利于保持生态平衡。它包括保护利用天敌和使用微生物及代谢物制剂等控制病虫害。目前，以虫治虫、以菌治菌、以菌治虫、以病毒治虫、以抗生素治虫等生物防治技术已广泛应用于马铃薯生产中。

对于检疫性病害、种传和土传病害、地下害虫以及迁移快、传播流行速度快的病虫害，要大力推广使用生物药剂制剂、天然合成物质，合理、交替、轮换使用高效、低毒、低残留的化学农药，减少环境污染，确保农产品质量安全。

第二节　马铃薯主要病害及防治

一、晚疫病

马铃薯晚疫病是世界性病害。1845～1847 年，晚疫病在西欧连年大流行，马铃薯几乎绝收，造成爱尔兰 100 多万人被饿死。在中国马铃薯产地晚疫病都有发生，多雨潮湿的年份为害较重，流行年一般减产 30％以上（图 8－1）。

【症状】

图 8-1　马铃薯晚疫病

马铃薯叶、茎和薯块都可发病。最初下部叶片的叶尖或叶缘出现水浸状小病斑，扩大后成为圆形、半圆形的大病斑，暗绿色至污绿色，周边有黄色水浸状晕圈。潮湿时病斑外缘有1圈稀疏的白色霉状物，宽3～5mm，病斑背面的霉层尤其明显。病斑可以扩展到主脉或叶柄，叶片萎蔫下垂。最后整个植株湿腐，变黑色。在连续高湿条件下，病情发展迅猛，整株叶片由下向上枯死腐烂，似开水烫过一样，全田枯焦一片，散发出一种特殊的酒精气味。

茎部很少直接受到侵染，但叶上病斑可顺着叶柄扩展到茎上，产生暗褐色至黑色条斑。潮湿时，条斑上也生出白色霉层。

块茎染病表面产生淡褐色或灰紫色的不规则形病斑，稍凹陷。严重时病斑汇合，占据大部分薯面。病斑下面的薯肉出现深浅不一的褐色坏死部分。潮湿时，病部皮下薯肉水浸状，变褐腐烂，病健界限不明显，在多湿黏重的土壤内，常易感染杂菌、软腐有怪味，不能食用。窖藏期间，带病薯块尚可继续发展，造成干腐或湿腐。

【病原菌】

病原菌为 *Phytophthora infestans*（Mont.）de Bary 称致病疫霉。属鞭毛菌亚门真菌。该菌只为害马铃薯和番茄。病部产生的白霉即病菌的孢囊梗及孢子囊。孢囊梗常成束从叶片气孔伸出，无色，有分枝，顶端膨大形成孢子囊。孢子囊为无色，卵圆形，顶部有乳头状突起。孢子囊可间接萌发和直接萌发。低温高湿时孢子囊间接萌发，吸水后可产生游动孢子，游动孢子肾脏形，凹入的一侧生有两根鞭毛，停止游动后，萌发产生芽管，芽管经由气孔或穿透表皮而侵入植物。若温度较高，孢子囊直接萌发，产生芽管而侵入。该菌有明显的致病性分化现象，存在多个致病性不同的生理小种。

【发病规律】

晚疫病菌主要以菌丝体在种薯中越冬，成为下一季病害主要初侵染来源。在终年温暖的南方，晚疫病菌在各茬马铃薯或茄科作物间辗转为害，没有明显的越冬现象。在二季作地区，春薯遗留田间的病残体和染病的自生薯苗，可以提供秋季发病的初侵染菌源。种薯带病，重者不能发芽，或发芽未出土即死亡；轻者发芽出土，发展成为田间的中心病株。借气流、雨水传播进行再侵染。在中心病株发现后10天检查，有90%以上的病株，分布在中心病株周围1 000m^2的范围内，经过多代再侵染，造成全田发病。因此，早期发现和控制中心病株，是防治晚疫病的关键措施。

我国大部分马铃薯产区的温度都适于晚疫病发生，因此湿度对病害起决定作用。天气潮湿、阴雨连绵，早晚多雾多露，有利发病和蔓延。有人指出，只要连续48h保持相对湿度75%以上，气温10℃以上，就会发生侵染。在温湿度适宜和种植感病品种的条件下，2～3周后晚疫病普发。

【防治方法】

防治晚疫病应以使用抗病品种为主，合理施药为辅，实行综合防治。

(1)选用抗病品种。目前是最经济有效的防病措施。国外引进的抗病品种有：疫不加(波友1号)、米拉(德友1号)、阿奎拉(德友3号、中寨黄皮)等。国内选育的抗病品种有：东农303、克新4号、春薯4号等。在选用品种时应因地制宜选用。

(2)选用无病或脱毒种薯，减少初侵染源。播前应严格检查并剔除病薯，或使用脱毒种薯。有条件的要建立无病留种地，实施无病留种。

(3)加强栽培管理。进行1～2次厚培土，注意排水，防止病菌随雨水渗入侵染新薯。发现中心病株后，必须立即清除。病田应割秧晒地两周后收薯。收薯时精细操作，减少块茎伤口。

(4)合理施药防治。发病初期开始喷洒50%烯酰吗啉可湿性粉剂800倍液、72%霜脲·锰锌可湿性粉剂800倍液、68.75%氟菌·霜霉威悬浮剂1 500倍液和52.5%酮·霜脲氰水分散粒剂1 500倍液，隔7～10天1次，连续防治2～3次。

二、环腐病

环腐病是一种世界性的由细菌引起的维管束病害。在马铃薯生长期和贮藏期都能发生。该病在国外分布比较普遍，在比较冷凉的地方易猖獗流行。国内自20世纪50年代始有发生，上世纪60～70年代在北方一季作区蔓延成灾。现在仅局部地区发生较重。

【症状】

为害马铃薯的维管束组织，造成死苗、死株，甚至引起烂窖。重病种薯播种后，或腐烂殆尽不能出苗，或出苗后生长迟缓，植株矮化，细弱黄瘦。染病株分枯斑型号和萎蔫型。枯斑型，大多在现蕾、开花期出现明显症状。初期症状为叶脉间褪绿变黄，但叶脉仍为绿色，以后叶片边缘或全叶黄枯，病叶沿主脉向上卷曲。多从植株下部叶片开始发病，逐渐向上发展。萎蔫型，发病时叶青绿色，叶缘卷曲萎垂，发病轻的仅部分叶片和枝条萎蔫，严重的则大部分叶片和枝条萎凋，甚至全株倒伏、枯死；受害较晚的病株，症状不明显，仅收获前萎蔫。病株的茎部和根部维管束变乳黄色至黄褐色，有时溢出白色菌脓。染病块茎外表多无明显异常，有的后期皮包变暗。切开块茎后，可见维管束变为淡黄色、乳黄色；发病严重的，维管束全部变色，皮层与髓部分离，形成环状腐烂，故称环腐病。入贮后病薯芽眼干枯变黑，薯皮龟裂。病块茎可并发软腐病，全部软化腐烂，有臭味。

【病原菌】

病原菌为 *Clavibacter michiganense* subsp. *sepedonicum*(Spieckermann &Kotthoff)Davis et al. 称密执安棒杆菌马铃薯环腐致病型，或称环腐棒杆菌，属细菌。菌体棒状，无鞭毛，无荚膜，不生芽孢，革兰氏染色阳性。该菌在自然条件下只侵染马铃薯。

【发病规律】

环腐病菌在种薯中越冬，成为翌年初侵染源。病菌也可在盛放种薯的容器上长期成活，成为薯块感染的另一来源。种薯切块播种的，病菌主要靠切刀传播，经伤口侵入，在维管束部分接触到病菌进行感染。播种后，被传染的薯块发病，病原菌大量繁殖，沿着维管束进入植株地上部分，引起茎叶发病。马铃薯生长后期病原菌又沿着茎部维管束，经由匍匐茎，侵入当季新块茎。感病块茎作种薯时又成为下一季的侵染源。收获、贮运期间，病块茎可接触健康块茎而不断传染。

该病发病适温一般偏低，在 18～24℃，温暖干燥的天气有利于病害发展。土温超过 31℃时，病害发生受到抑制。故此病多发生在北方马铃薯产区。

【防治方法】

防治环腐病应采用以推广抗病品种和使用无病种薯为主的综合措施。

(1)种植抗病品种。如东农 303、克新 10 号、克疫、春薯 2 号、高原 3 号、高原 7 号、坝薯 8 号、坝薯 10 号、晋薯 2 号、郑薯 4 号、双丰收、疫不加、万芋 9 号、安农 5 号等，可按实际情况选用。

(2)选留无病种薯。建立无病留种基地，与脱毒薯生产相结合，在收、选、晾和入窖过程中，严格进行挑选，剔除病薯，去杂去劣，繁育出无环腐病和其他种传病原的种薯。

(3)播前种薯处理。①播前晾晒种薯，严格鉴选，剔除可疑病薯，清洗存放种薯的容器。②进行整薯播种，如需切块，切刀须进行严格消毒，可用 0.1%酸性升汞液、0.1%高锰酸钾液、5%石炭酸液等浸渍，做到切一块消毒 1 次。③药剂处理种薯，用种薯重量的 0.1%～0.2%的敌磺钠加草木灰拌种，可兼治黑胫病和青枯病;或用春雷霉素药液(每升水加 100mg 春雷霉素)浸种薯 2h,消毒兼促进出苗作用。

三、病毒病和类病毒病

病毒病是马铃薯的主要病害。在我国大部分地区发生均十分严重。一般使马铃薯减产 20%~50%,严重的达 80%以上。染病的马铃薯通过块茎无性繁殖进行世代积累和传递,致使块茎种性变劣,产量不断下降,甚至不能留种再生产。

【症状】

马铃薯病毒病田间表现症状复杂多样,常见的症状类型可归纳如下(图 8-2)。

图 8-2 马铃薯病毒病症状表现

(1)花叶型。叶面出现淡绿、黄绿和浓绿相间的斑驳花叶(有轻花叶、重花叶、皱缩花叶和黄斑花叶之分),严重时叶片变小、皱缩,植株矮化。

(2)卷叶型。叶缘向上卷曲,甚至呈圆筒状,色淡,变硬革质化,有时叶背出现紫红色。

(3)坏死型(或称条斑型)。叶脉、叶柄、茎枝出现褐色坏死斑或连合成条斑,甚至叶片萎垂、枯死或脱落。

(4)丛枝及束顶型。分枝纤细而多,缩节丛生或束顶,叶小花少,明显矮缩。

【病原】

病原为病毒。目前,发现的病毒与类病毒已有 20 余种,其中为害马铃薯的病毒有 5~6 种,类病毒 1 种。

1. 马铃薯 X 病毒(potato virus X 简称 PVX)

在马铃薯上引起轻花叶症,有时产生斑驳或环斑,病毒粒体线

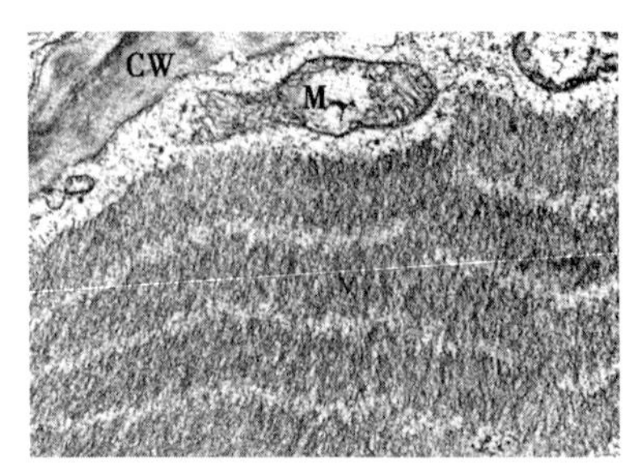

图 8-3 马铃薯 X 病毒
（CW 为细胞壁　M 为线粒体）

形，病毒稀释限点 10 万～100 万倍，钝化温度 68～75℃，体外存活期 1 年以上（图 8-3）。

2. 马铃薯 S 病毒（potato virus S 简称 PVS）

在马铃薯上引起轻度皱缩花叶或不显症，病毒粒体线形，病汁液稀释限点 1～10 倍，钝化温度 55～60℃，体外存活期 3～4 天。

3. 马铃薯 A 病毒（potato virus A 简称 PVA）

在马铃薯上引起轻花叶或不显症。病毒粒体线形，病汁液稀释限点 10 倍，钝化温度 44～52℃，体外存活期 12～18h。

4. 马铃薯 Y 病毒（potato virus Y 简称 PVY）

在马铃薯上引起严重花叶或坏死斑和坏死条斑，病毒粒体线形，病汁液稀释限点 100～1 000倍，钝化温度 52～62℃，体外存活期 1～2 天（图 8-4）。

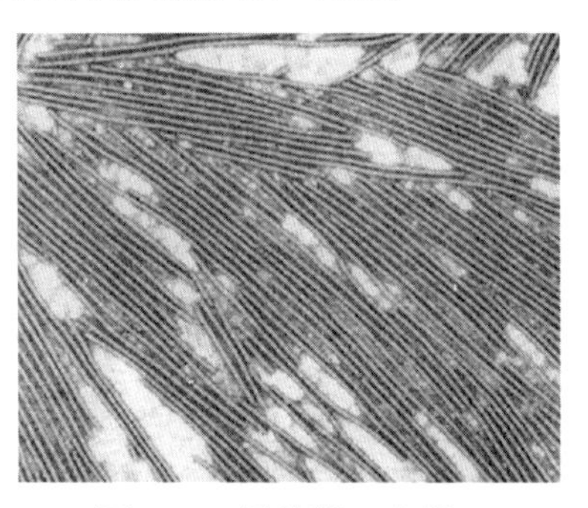
图 8-4 马铃薯 Y 病毒

5. 马铃薯卷叶病毒（potato leafroll virus 简称 PLRV）

病毒粒体球状，病毒稀释限点 10 000倍，钝化温度 70℃，体外存活期 12～24h，2℃ 低温下存活 4 天（图 8-5）。此外 TMV 也可侵染马铃薯。

6. 纺锤块茎类病毒（PSTVD）

马铃薯纺锤块茎类病毒为一种游离的低分子量核糖核酸，

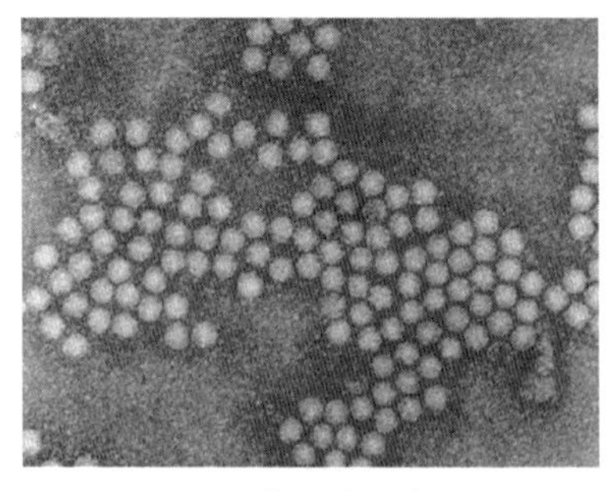
图 8-5 马铃薯卷叶病毒（PLRV）

无蛋白外壳，耐热性强，失活温度高于100℃，侵染能力强，仅存在于寄主植物细胞核中，能侵染138种植物，但仅少数茄科和菊科植物表现症状(图8-6)。

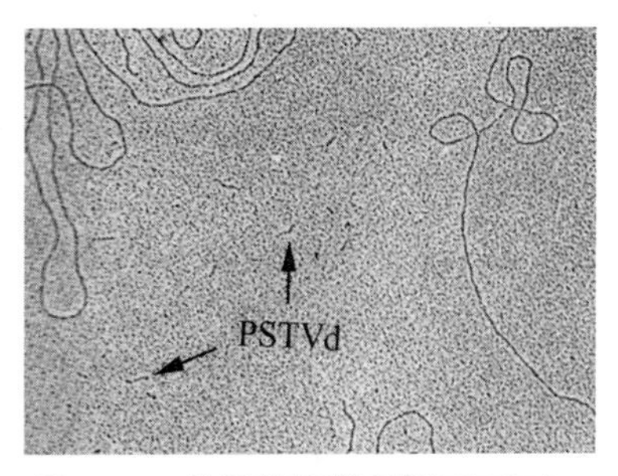

图8-6 纺锤块茎类病毒(PSTVD)

通常情况下，马铃薯同一植株上至少有2种以上的病毒侵入。此外，马铃薯种植的时间愈长，病毒愈重，减产幅度愈大。

【发病规律】

马铃薯病毒主要通过带毒种薯传到下一代植株。种薯带毒率高低往往决定了田间发病的严重程度。此外，由遗留田间的病块茎所产生的自生薯苗，也是当季再侵染的毒源。

除马铃薯X病毒外，以上几种病毒都可通过蚜虫及汁液摩擦传毒。此外，也可由已经接触并沾染病毒的农具、衣物、动物皮毛、昆虫的咀嚼口器等传毒。马铃薯X病毒和马铃薯S病毒主要是以这种方式进行田间再侵染的。

马铃薯纺锤块茎类病毒也由病株汁液接触传染，包括由块茎切面相接触传毒，切刀传毒等。蚜虫、马铃薯甲虫和其他甲虫也能传毒。另外，马铃薯花粉和实生种子也能传播类病毒，由病株采收的种子带毒率可达6%～89%。

【防治方法】

1.选用抗病或耐病品种

针对当地病毒种类，选用适合当地种植的抗、耐病品种。

2.采用无毒种薯

建立无病留种基地，有条件的设置在高海拔的冷凉地带，一般南方地区生产田用种可通过秋播获得无病种薯；或利用茎尖培养脱毒方法获得无毒种薯，或利用实生种子直播法获得无毒的块茎。

3. 采用避蚜留种技术

(1)一年两熟地区春季用早熟品种,地膜覆盖栽培,早播早收,秋季适当晚播、早收,可减轻发病。

(2)改进栽培措施。留种田远离茄科菜地;及早拔除病株,减少田间毒源;实行精耕细作,深沟高畦栽培,及时培土;增施磷钾肥;注意中耕除草;控制秋季灌水,严防大水漫灌;铲除杂草,消灭病毒和蚜虫的野生寄主;及时防治传毒蚜虫等。

4. 药剂防治

发病初期喷洒1.5%植病灵乳剂1 000倍液,或20%吗呱·乙酸铜可溶粉剂,或15%菌毒清可湿性粉剂500～700倍液等。

四、早疫病

早疫病是马铃薯最常见的病害,各地都有发生。病株叶片干枯,严重的全株枯死,块茎发病后食用品质降低。一般可减产10%左右。

【症状】

主要为害叶片。叶片上初生黑褐色、形状不规则的小病斑,以后发展成为暗褐色至黑色,直径3～4mm,有明显的同心轮纹的圆形或近圆形病斑,有时病斑周围褪绿。潮湿时,病斑上生出黑色霉层。通常植株下部较老叶片先发病,逐渐向上蔓延。严重时大量叶片枯死,全株变褐死亡(图8-7)。

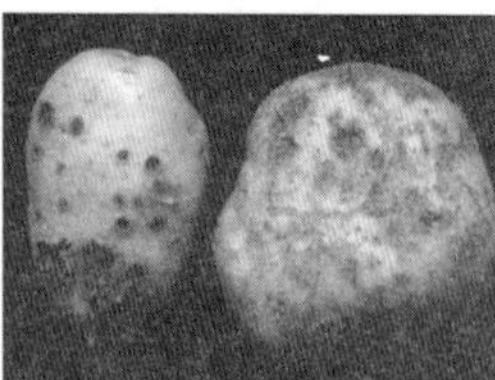

图8-7　马铃薯早疫病

块茎较少感病。其上病斑为近圆形或不规则形病斑,大小不一,大的直径可达2cm,黑褐色,略下凹，边缘清晰，有的老病斑表面出现裂缝。病斑下面的薯肉变紫褐色，木栓干腐，深度可达5mm。

【病原菌】

病原菌为 *Alternaria solani*（Ell. et Mart.）Jones et Grout 称茄链格孢菌，属半知菌亚门真菌。病斑上的黑霉即病原菌的分生孢子梗和分生孢子。病菌菌丝暗褐色，分生孢子棍棒状，具有4～9个横隔膜和0～4个纵隔膜，黄褐色，顶端有细长咀孢。孢子梗单生或族生，有1～7个分隔。菌丝生长适温为26～28℃。病菌发育温限1～45℃。形成分生孢子的适温为19～23℃。该菌潜育期短，侵染速度快，还可侵染多种茄科植物。

【发病规律】

以分生孢子或菌丝体在病残体或带病薯块上越冬，为次年初侵染源。翌年种薯发芽，当叶上有结露或水滴，温度适宜，从叶面气孔或穿透表皮侵入，潜育期2～3天。在田间分生孢子主要通过风雨传播，进行多次再侵染使病害蔓延扩大。病菌易侵染老叶片，遇有小到中雨或连续阴雨或湿度高于70%，瘠薄地块及肥力不足田，发病重，易流行。

【防治方法】

1. 加强栽培管理

通过选用健薯，合理灌溉，增施有机肥，合理密植等措施，降低田间湿度，改善通风和光照条件，提高植株抗病力；清除田间病残体，搞好邻近等茄科蔬菜早疫病的防治，减少菌源。

2. 药剂防治

发病初期及时喷施杀菌剂，可选用70%代森锰锌可湿性粉剂500倍液，70%丙森锌可湿性粉剂500倍液，75%百菌清可湿性粉剂500～600倍液，50%异菌脲可湿性粉剂1 000倍液，64%噁霜·锰锌可湿性粉剂400～500倍液等，7～10天喷1次，连续喷3～4次。

五、粉痂病

福建、广东、湖北、湖南、浙江等省均有发生，少数省曾将此病列为植物检疫对象。为害严重。

【症状】

主要为害块茎及根部，有时茎也可染病。块茎染病初在表皮上现针头大的褐色小斑，外围有半透明的晕环，后小斑逐渐隆起、膨大，成为直径3～5mm不等的“疱斑”，其表皮尚未破裂，为粉痂的“封闭疱”阶段。后随病情发展，“疱斑”表皮破裂、反卷，皮下组织现桔红色，散出大量深褐色粉状物（孢子囊球），“疱斑”下陷呈火山口状，外围有木栓质晕环，为粉痂的“开放疱”阶段（图8－8）。根部染病于根的一侧长出豆粒大小单生或聚生的瘤状物。

图8－8　马铃薯粉痂病

【病原菌】

病原菌为 *Spongospora subterranea*（Wallr.）Lagerh 称马铃薯粉痂菌，属鞭毛菌亚门真菌。除为害马铃薯外，还可侵染番茄等茄科植物。马铃薯病块茎疱斑中的褐色粉末，为病原菌的休眠孢子囊堆，它由许多休眠孢子囊构成，为海绵状中空球体。休眠孢子囊萌发后产生游动孢子，顶生不等长的双鞭毛，能在水中游动。

【发病规律】

病菌以休眠孢子囊球在种薯内或随病残物遗落在土壤中越冬，病薯和病土成为翌年发病的初侵染源。病害的远距离传播靠种薯的调运；田间近距离传播则靠病土、病肥、灌溉水等。休眠孢子囊在土中可存活4～5年，当条件适宜时，萌发产生游动孢子，游动孢子静止后成为变形体，从根毛、皮孔或伤口侵入寄主；变形体在寄主细胞内发育，分裂为多核的原生质团；到生长后期，原生质团又分化为单核的休眠孢子囊，并集结为海绵状的休眠孢子囊球，充满寄主细胞内。病组织崩解后,休眠孢子囊球又落入土中越冬或越夏。

黏重和酸性土壤,土温 16～20℃,湿度 90%左右适于该菌侵染和发病。一般雨量多、夏季凉爽,雨水多的年份发病重。该病发生的轻重主要取决于初侵染及初侵染病原菌的数量,田间再侵染即使发生也不重要。

【防治方法】

(1)严格执行检疫制度,对病区种薯严加封锁,禁止外调。

(2)选用无病种薯或进行种薯消毒处理。种薯消毒可用 2%盐酸液浸种 5min,或用 200 倍的福尔马林溶液将种薯浸湿,再用塑料薄膜覆盖闷种 2h,用清水冲净,晾干后播种。

(3)重病田需与非茄科作物进行 5 年以上轮作;高畦栽培,清沟排渍;增施磷、钾肥;酸性土壤要施用石灰,以减轻发病;要积极引种新芋 4 号、鄂芋 783－1 等抗病或不易感病品种。

六、疮痂病

马铃薯疮痂病发生和为害程度逐年加重,已成为马铃薯种植中的主要病害。疮痂病发生后,病斑虽然仅限于皮层,但病薯不耐贮藏,外观难看,造成商品价值下降,经济损失严重,一般可减产 10%～30%,部分地块甚至减产 40%以上。

【症状】

块茎上初生褐色隆起的小斑点,扩大后中央凹陷,周缘向上凸起,因产生大量木栓化细胞致表面皱缩粗糙,呈疮痂状硬斑块,褐色至黑褐色,直径可达到 0.5～1cm,病斑之间可发展成片(图 8－9)。病斑仅限于皮部,不深入薯

图 8－9 马铃薯疮痂病

内，别于粉痂病。

【病原菌】

病原菌为 *Streptomyces scabies*（Thaxter）Waks. et Henrici 称疮痂链霉菌，属放线菌。菌体丝状，有分枝，极细，尖端常呈螺旋状，连续分割生成大量孢子。

【发病规律】

病菌在土壤中腐生或在病薯上越冬。病菌从薯块皮孔及伤口侵入，当块茎表面木栓化后，侵入则较困难。病薯长出的植株极易发病，健薯播入带菌土壤中也能发病。适合该病发生的温度为25～30℃，中性或微碱性砂壤土发病重，pH 值 5.2 以下很少发病。品种间抗病性有差异，白色薄皮品种易感病，褐色、厚皮品种较抗病。

【防治方法】

（1）选用无病种薯，不要从病区调种，播种前用 40%福尔马林 200 倍液浸种薯 4min，或用青枯立克 150 倍对切开的种块喷雾，也可直接喷施垄沟中的种块。

（2）重点防治时间。苗期 5～6 片叶、花后幼果期，应使用青枯立克 150 倍＋大蒜油 1 000倍或加中生菌素、农用链霉素等喷雾 1～2 次；若膨大期遇高温、多雨天气，应增加用药次数。

七、青枯病

青枯病也叫细菌性萎蔫病。在高温多雨地区是马铃薯的毁灭性病害，减产 40%～80%，且难以防治。世界各地都有发生，热带、亚热带发生最重。

【症状】

一般幼苗期较少显症，多在现蕾开花后显症。典型症状是植株急性萎蔫，枝叶萎垂，但仍保持绿色，以后全株枯死。有时仅个别主茎或分枝突然青枯萎蔫，植株其他部分暂时保持正常，但最终也枯死（图 8－10）。病情发展缓慢时，会出现叶片变黄、干枯和植株矮化等症状。病株茎基部维管束变黄色或黄褐色，横切后用手挤压，切面有白色菌脓溢出。病块茎芽眼变浅褐色，切开可见维管

图 8－10　马铃薯青枯病

束变黄色或褐色，周缘水浸状，严重的整个维管束环变色，块茎腐烂，发病后期的块茎，用手指挤压切面维管束，可溢出污白色乳状菌脓，但薯肉和皮层不分离。

【病原菌】

病原菌为 *Pseudomonas solanacearum*（Smith）Smith 称青枯假单胞菌或茄假单胞菌，属细菌。寄主范围很广，可侵染 33 科 100 余种植物。菌体短杆状，单细胞，两端圆，单生或双生，极生 1～3 根鞭毛，青枯假单胞菌在 10～40℃均可发育，最适为 30～37℃。革兰氏染色阴性。

【发病规律】

病菌随病残组织在土壤中越冬，侵入薯块的病菌在窖里越冬。无寄主，可在土中腐生 14 个月至 6 年。一般酸性土发病重，田间土壤含水量高、连阴雨或大雨后转晴气温急剧升高，发病重。

青枯病是典型维管束病害，病菌通过灌溉水或雨水传播，从茎基部或根部伤口侵入，也可透过导管进入相邻的薄壁细胞，侵入维管束后迅速繁殖并堵塞导管，妨碍水分运输导致萎蔫。

【防治方法】

（1）选用抗青枯病品种和无病种薯。

（2）加强栽培管理。最好与禾本科作物进行水旱轮作；采用高畦栽培，避免大水漫灌；采用配方施肥技术，喷施植宝素 7 500倍液或爱多收 6 000倍液；施用充分腐熟的有机肥或草木灰；清除病株后，及时撒生石灰消毒。

(3)药剂防治。在发病初期用72%农用硫酸链霉素可溶性粉剂4 000倍液、农抗“401”500倍液、25%络氨铜水剂500倍液、88%水合霉素3 000倍液、46%氢氧化铜1 000倍液、12%绿乳铜乳油600倍液、47%春雷·王铜(加瑞农)可湿性粉剂700倍液、20%噻唑锌悬浮剂400～600倍液、20%噻菌铜(龙克菌)悬浮剂500倍液灌根，每株灌药液0.3～0.5L，隔10天1次，连续灌2～3次。

八、黑胫病

马铃薯黑胫病又叫“黑腿子病”，春季多雨年份，发病严重。

【症状】

植株和块茎均可感染。病株生长缓慢，节间短缩，顶部叶片上卷，褪绿黄化。靠地面的茎基部变黑腐烂，故称为马铃薯黑胫病。薯块染病，从脐部开始腐烂，横切可见维管束变黑色。感病重的薯块，在田间就已经腐烂，发出难闻的气味。严重时薯块烂成空腔(图8-11)。

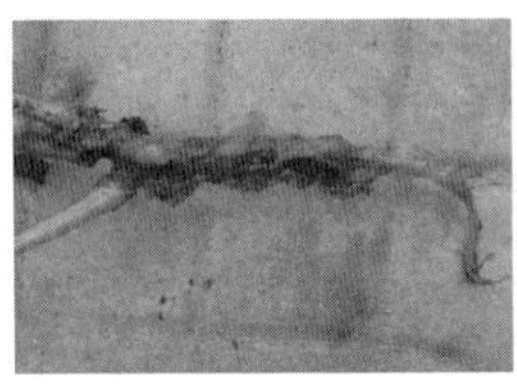

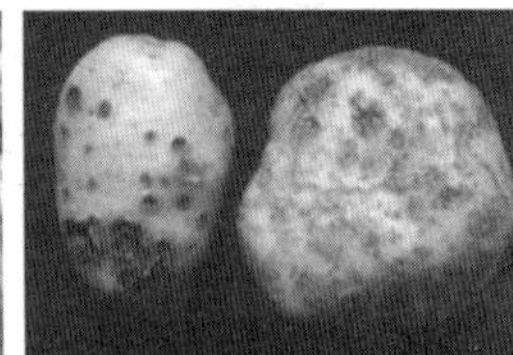

图8-11 马铃薯黑胫病

【病原菌】

病原菌为*Erwinia carotovora* subsp. *atroseptica*(Van Hall)Dye称胡萝卜欧氏杆菌黑胫亚种，属细菌，杆状，周生鞭毛，革兰氏染色反应阴性。除为害马铃薯外，还侵染其他茄科蔬菜、甜菜、向日葵等。该菌生长温度10～38℃，25～27℃最适，45℃失活。

【发病规律】

田间主要侵染菌源来自病种薯。土壤一般不带菌。病原菌可随种薯调运而远距离传播，使发病地区不断扩大。在切薯播种地区，切刀也是重要传病介体。每切一刀病薯，可传染 7～15 块健薯。

病种薯播种后，病原菌经由幼芽进入茎部，由下而上扩大侵染，引起植株地上部发病。在马铃薯生长期间，病原菌还可经雨水、灌溉水、昆虫等媒介传播，由植株的伤口、气孔侵入健株。病株匍匐茎尖端与健株匍匐茎接触也能传病。

病害发生程度与温湿度有密切关系。温暖潮湿的条件有利细菌经皮孔侵入块茎。排水不良的地块里发病重，常致薯块腐烂，田间增加灌水次数，发病程度随之增加。贮藏期间温度高、湿度大、通风不良时，块茎发病重。

【防治方法】

(1)选用抗病丰产良种，建立无病留种地，并进行种薯安全贮藏。

(2)精选无病种薯，采用整薯播种，尽可能采用秋播留种的小薯块作种。切块播种的，要严格淘汰病薯，切块后用草木灰拌种后播种。

(3)种薯消毒。用福尔马林溶液 200 倍浸泡种薯 3～5min，堆起闷薰 2h(加上薄膜等物)后摊开，在阴凉处晾干后播种。切块时注意切刀消毒。

(4)加强栽培管理。实行轮作，适时早播，高畦栽培，注意田间排水，发现病株及时挖除带出田外深埋，病穴用生石灰消毒。

(5)药剂防治参照青枯病。

九、其他病害

(一)马铃薯干腐病

马铃薯干腐病主要发生在贮藏期，引起块茎腐烂，在田间种薯萌芽出土期间也常有发生，从而导致块茎不能食用或缺苗断垄。

【症状】

为害块茎。发病初期仅局部变褐稍凹陷，扩大后病部现大量皱

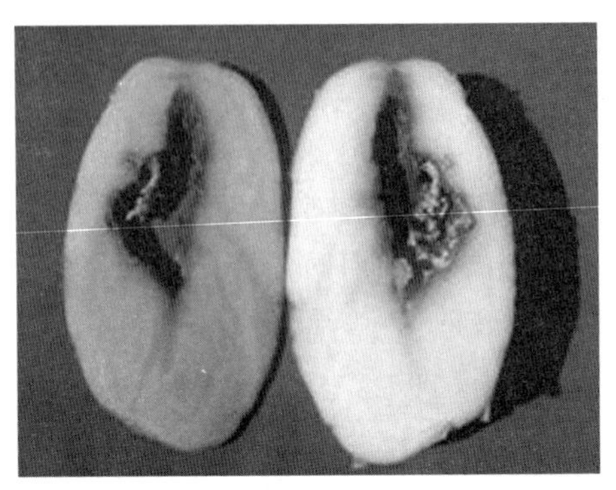

图 8－12　感染马铃薯干腐病的块茎

褶，呈同心轮纹状，其上有时长出灰白色的绒状颗粒，即病菌子实体，剖开病薯可见空心，空腔内长满菌丝，薯内则变为深褐色或灰褐色，终致整个块茎僵缩或干腐状(图 8－12)。

【病原菌】

病原菌为真菌，系镰刀菌属的 9 个种和变种，在不同地区、条件下，占优势的真菌种类各不相同。在浙江以茄病镰孢和串珠镰孢种群占优势且致病力强。病部的霉状物为镰刀菌的菌丝体和分生孢子。菌丝棉絮状，能产出黄、红、紫等色素。分生孢子梗聚集成垫状分生孢子座。大型分生孢子镰刀形，或纺锤形，多具 3 个分隔，聚集时呈粉红色或黄色及蓝紫色。这些镰刀菌通常在田间土壤和薯窖里广泛存在。

【发病规律】

病菌以菌丝体或孢子在病残组织或土壤中越冬，能在土壤中长期存活，带菌土壤可黏附在块茎上，通过机械伤口、虫伤口或芽眼侵入。病菌在 5～30℃条件下均能生长。贮藏条件差，通风不良，利于发病。一般而言，早熟品种易感病，晚熟品种发病较轻。

【防治方法】

(1)生长后期注意排水，收获时轻拿轻运，减少伤口，收获后摊晒数天，清除病、伤薯块，待充分晾干再入窖。

(2)窖内保持通风干燥，窖温控制在 1～4℃，发现病烂薯及时汰除。

(3)药剂防治。在发病前或发病初期用 55％敌磺钠可湿性粉剂 600 倍液，20％抗枯宁 800 倍液，3％中生菌素可湿性粉剂 1 000 倍液，高锰酸钾 800～1 000倍液喷雾，喷药次数视病情而定。

(二)黄萎病

黄萎病又称早死病,是一种枯萎性病害,病株早期死亡。

【症状】

发病初期由叶尖沿叶缘变黄,从叶脉向内黄化,后由黄变褐干枯,但不卷曲,直到全部复叶枯死,不脱落。根茎染病初症状不明显,当叶片黄化后,剖开根茎处维管束已褐变,后地上茎的维管束也变成褐色。块茎染病始于脐部,维管束变浅褐色至褐色,纵切病薯可见“八”字半圆形变色环(图 8－13)。

图 8－13　马铃薯黄萎病

【病原菌】

病原菌为 *Verticillium dahliae* Kleb. 称大丽轮枝菌,属半知菌亚门真菌。寄主范围广泛。菌丝无色,老熟后褐色,有分隔和分枝,分生孢子梗基部始终透明,孢子梗上每轮具 2～4 根小枝,每小枝上顶生 1 个或多个分生孢子。分生孢子长卵圆形,单胞无色,能形成微菌核。

【发病规律】

马铃薯早死病是典型土传维管束萎蔫病害。病菌以微菌核在土壤中、病残秸秆及薯块上越冬,翌年种植带菌的马铃薯即引起发病。病菌在体内蔓延,在维管束内繁殖,并扩展到枝叶,该病在当年不再进行重复侵染。

病菌发育适温 19～24℃,最高 30℃,最低 5℃。一般气温低,种薯块伤口愈合慢,利于病菌由伤口侵入。从播种到开花,日均温低于 15℃持续时间长,发病早且重;此间气候温暖,雨水调和,病害明显减轻。地势低洼、施用未腐熟的有机肥、灌水不当及连作地发病重。

【防治方法】

(1)选种抗病品种,如国外的阿尔费、迪辛里、斯巴恩特、贝雷克等品种较耐病。

(2)播种前种薯用0.2%的50%多菌灵可湿性粉剂浸种1h。

(3)发病重的地区或田块，每亩用50%多菌灵2kg进行土壤消毒；发病初期喷50%多菌灵可湿性粉剂600～700倍液，或浇灌50%琥胶肥酸铜可湿性粉剂350倍液，或55%敌磺钠可湿性粉剂600倍液，或20%抗枯宁800倍液，20%噻菌酮悬浮剂500倍液，每株灌对好的药液0.5L。隔10天1次，灌1～2次。

(三)黑痣病

黑痣病又称立枯丝核菌病，我国南北都有分布，但多不严重。马铃薯整个生育期间都能发生。

【症状】

该病主要为害茎基部和块茎。幼苗出土后染病，地面上下的茎基部产生1至数个红褐色椭圆形凹陷斑，后色泽变深，扩大并绕茎一周，包围茎基部。在潮湿情况下，病斑上生一层淡淡的白霉。叶片感病，变黄或卷曲，新芽变红，叶腋处形成气生块茎。病原菌有时侵染芽尖，使幼芽或幼苗变黑腐烂，与晚疫病难以区别(图8-14)。

图8-14　马铃薯黑痣病

块茎感病，以皮孔为中心，形成褐色病斑，其后干腐，或变成疮痂状而龟裂。有的只在块茎表面形成土粒状黑色小菌核，菌核长1～5mm，散生或聚生。贮藏期间块茎病情可进一步发展。

【病原菌】

病原菌为 *Rhizoctonia solani* Kühn 称立枯丝核菌，属半知菌亚门真菌。寄主范围广。菌丝生长温度最低4℃，最适23℃，最高

32～33℃，菌核形成的最适温度 23～28℃。

【发病规律】

病原菌以病薯上的菌核或残留在土壤中的菌核越冬。带菌种薯是翌年主要初侵染源，并能远距离传病。春季种薯发芽后以及秋季块茎收获期前最易发病。田间表现与春寒及潮湿条件有关，在播种早或播后土温较低发病重。

【防治方法】

(1)使用无病种薯，或在种薯播前用药剂浸种消毒。常用药剂有 0.5%福尔马林液、0.1%福美双药液或 0.1%多菌灵药液。

(2)适期播种，培育壮苗。播后要避免地温过低，使发芽出苗阶段延长，导致芽苗衰弱。

(3)加强管理，增施有机肥，提高土壤通透性，以增强植株抗性。发现中心病株及时拔除，用生石灰消毒或喷布甲基硫菌灵可湿性粉剂 800 倍液，或 23%氟菌胺悬浮剂 3 000倍液等。

(四)软腐病

软腐病主要为害贮藏期间的马铃薯块茎。遍布全世界马铃薯产区，是欧、美国家马铃薯的主要病害之一。一般年份减产 3%～5%，常与干腐病复合感染，引起较大损失。

【症状】

一般发生在生长后期收获之前的块茎上及储藏的块茎上。块茎染病多由皮层伤口引起，初生圆形近褐色水浸状小病斑，外表潮湿，薯肉发软，常带有黏性物质，高湿、高温时病斑迅速向四周扩展，形成暗褐色的大片湿腐，薯肉腐烂崩溃。有恶臭味。在干燥条件下，病斑变硬、变干，成为凹陷的干疤。软腐病菌也侵染叶片、叶柄和茎部，植株下部近地表的叶片先发病，叶片、叶柄形成暗绿色或暗褐色条斑，并逐渐扩大腐败。病茎上端枝叶萎枯，茎上出现暗褐色条斑，髓部软腐成为空洞，植株倒伏，高湿时迅速腐烂(图 8－15)。

【病原菌】

病原菌为多种细菌，主要为胡萝卜软腐欧文氏菌胡萝卜软腐

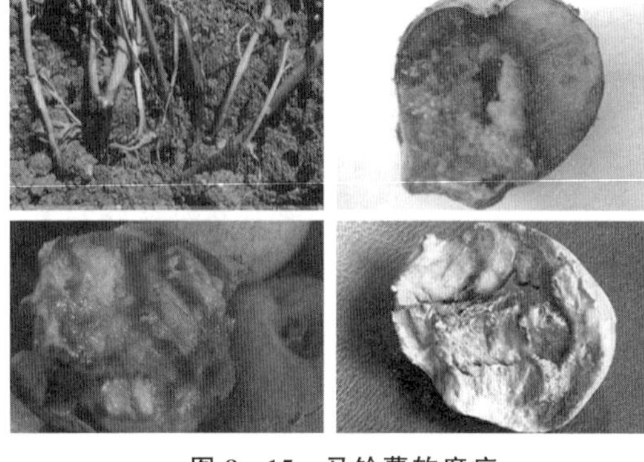
图 8-15 马铃薯软腐病

致病变种 *Erwinia carotovora* subsp. *carotovora* (Jones) Bergey et al.，菌体直杆状，革兰氏染色阴性，靠周生鞭毛运动，兼厌气性。寄主范围广，可侵染多种蔬菜、水果，引起软腐病。病原菌发育适温 25～30℃，最低 2℃，最高 40℃，在 50℃下经 10min，病原菌死亡。

【发病规律】

软腐病的侵染循环与黑胫病相似。一般易从其他病斑进入，形成二次侵染、复合侵染。早前被感染的母株，可通过匍匐茎侵染子代块茎。温暖和高湿及缺氧有利于块茎软腐。通气不良、田里积水、块茎上有水膜造成的厌气环境，利于病害发生发展。

【防治方法】

(1)加强田间管理，避免大水漫灌，注意通风透光和降低田间湿度；发现病株及时拔除，并用石灰消毒减少田间初侵染和再侵染源。

(2)药剂防治可喷洒 20%噻唑锌悬浮剂 400～600 倍液、12%绿乳铜乳油 600 倍液、47%春雷·王铜可湿性粉剂 500 倍液、14%络氨铜水剂 300 倍液、88%水合霉素 3 000倍液、46%氢氧化铜 1 000倍液、20%噻菌铜(龙克菌)悬浮剂 500 倍液等。

第三节 马铃薯主要虫害及防治

一、蛴螬

蛴螬是鞘翅目金龟子幼虫的统称。金龟子种类较多(图 8-

16)，如暗黑鳃金龟、铜绿丽金龟等，各地均有发生。幼虫在地下为害马铃薯的根和块茎。可咬食马铃薯根部成乱麻状，幼嫩块茎被吃掉大半，老块茎成孔洞，严重时田间死苗，造成毁灭性的灾害。

图 8-16　蛴螬的成虫(金龟子的一种)

【形态识别】

金龟子种类不同，虫体大小不等，但幼虫均为圆筒形，体白、头红褐或黄褐色，尾灰色，虫体常弯曲成马蹄形(图 8-17)。以暗黑鳃金龟为例，其成虫体长 16～22mm，宽 9～12mm，呈长椭圆形，披黑褐色绒毛，头部较小，刻点粗大。卵长椭圆形(图 8-18)，长 2.5mm，淡黄白色。高龄幼虫体长 35～45mm，头部前顶刚毛每侧 1 根，胸腹部乳白色，臀节腹面有钩状刚毛，肛门孔 3 裂。

图 8-17　蛴螬

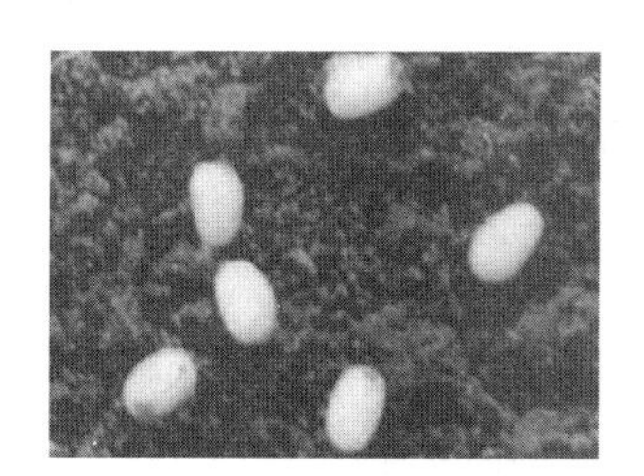

图 8-18　金龟子的卵孵化成蛴螬

【生活史及习性】

蛴螬一到两年 1 代，幼虫和成虫在土中越冬，成虫即金龟子，白天藏在土中，晚上 8～9 时进行取食等活动。蛴螬有假死和负趋光性，并对未腐熟的粪肥有趋性。幼虫(蛴螬)始终在地下活动，与土壤温湿度关系密切。冬季潜入深层土中越冬，土温在 13～18℃

时为蛴螬活动高峰期。土壤潮湿活动加强，尤其是连续阴雨天气，春、秋季在表土层活动，夏季时多在清晨和夜间到表土层。因此，田间常见几种蛴螬混合发生，且春秋两季为害最重。

【防治方法】

(1)农业防治。实行水旱轮作，不施未腐熟的有机肥料，秋冬深翻地把越冬幼虫翻到地表使其风干、冻死或被天敌捕食。

(2)诱杀。成虫较多区块，可设置黑光灯诱杀；或用 80%敌畏乳油 800 倍液浸泡榆树枝、杨树枝，于下午 6 时前后插放田间诱杀成虫。

(3)药剂处理土壤。播种前用 3%辛硫磷颗粒剂或 2%二嗪磷颗粒剂或 5%丁硫克百威颗粒剂，每亩 1～4kg 散施处理土壤。

(4)药剂防治。幼虫为害时，用 100 亿个/g 青虫菌粉剂 1 份＋干细土 20 份，撒施于根际周围，或用 3%辛硫磷颗粒剂 1.5/kg 亩撒施根际后浇水喷淋毒杀，或喷施高效氯氰菊酯 1 000～1 500 倍液或 50%二嗪磷乳油 1 000倍液于根际。

二、地老虎

俗称地蚕，属鳞翅目夜蛾科害虫。地老虎有许多种，为害马铃薯的主要是小地老虎、黄地老虎和大地老虎，其中，宁波以小地老虎为害最严重。地老虎是杂食性害虫，各地均以第一代幼虫为害春播作物的幼苗，严重造成缺苗断垄，甚至毁种重播。

【形态识别】

小地老虎成虫前翅黑褐色，有显著的肾状纹、环状纹、棒状纹和 2 个黑色剑状纹；老熟幼虫体长 37～50mm，黄褐至黑褐色，体表密布颗粒状小突起，背面有淡色纵带，腹部末节背板上有 2 条深褐色纵带。

大地老虎前翅黑褐色，肾状纹外有一不规则的黑斑。老熟幼虫体长 41～61mm，黄褐色；体表多皱纹。

黄地老虎前翅黄褐色，肾状纹的外方无黑色楔状纹。老熟幼虫体长 32～45mm，淡黄褐色；腹部背面的 4 个毛片大小相近。

【生活史及习性】

小地老虎在江浙一带一年可繁殖 4～5 代。蛹、老熟幼虫、成虫均可在土中越冬。大地老虎一年一代，以幼虫在土中越冬，次年 4～5 月与小地老虎同时混合发生为害。黄地老虎江浙一带一年 3～4 代，以幼虫在土中越冬。成虫除大地老虎外均有强烈的趋化性，昼伏夜出，对黑光灯趋性强。卵大多产在土面或杂草叶背。幼虫白天潜入土中，夜间出土活动，有假死性，并常将咬断的幼苗拖放在洞口，易于发现。旱作地区、土壤含水量在 15%～20%的地块发生较重。

【防治方法】

(1)人工捕捉。清晨在被害苗株的根部周围土壤寻找捕杀潜伏的幼虫，或在作业道中堆放鲜草堆或较老的泡桐树叶，每天清晨翻开搜杀。

(2)用黑光灯或糖、醋、酒、诱蛾液或用毒饵诱杀成虫。

(3)药剂防治。用 90%晶体敌百虫 800～1 000倍液、50%辛硫磷乳油 800 倍液、2.5%溴氰菊酯乳油 3 000倍液喷雾；或用 3%辛硫磷颗粒剂或 5%丁硫克百威颗粒剂，每亩 1～4kg 撒施在苗根附近；或将泡桐树叶放入 90%晶体敌百虫 150 倍液中浸透后放到田间，均可直接杀死地老虎幼虫。

三、金针虫

金针虫是叩头甲幼虫的总称，属鞘翅目叩头虫科。最常见的种类为沟金针虫和细胸金针虫，主要分布在我国中部和北部诸省，宁波也较为常见。成虫只取食植物嫩叶，为害不严重。幼虫长期生活在土壤中，为害马铃薯和其他作物，咬食根和茎，被害部位断面不整齐，毛刷状。受害苗生长不良或枯萎死亡。金针虫还可钻蛀马铃薯块茎，进入内部取食，表面有微小圆孔。受害块茎易被病菌感染而腐烂。

【形态识别】

细胸金针虫：成虫体长 8～9mm，体细长，背面扁平，密生暗褐色短毛。头、胸部棕黑色；鞘翅、触角、足棕红色。老熟幼虫淡黄色，有光泽，体长约32mm，细长圆筒形，尾节圆锥形，背面近前缘两侧各有1个褐色圆斑，末端中间有一红褐色小突起（图8-19）。

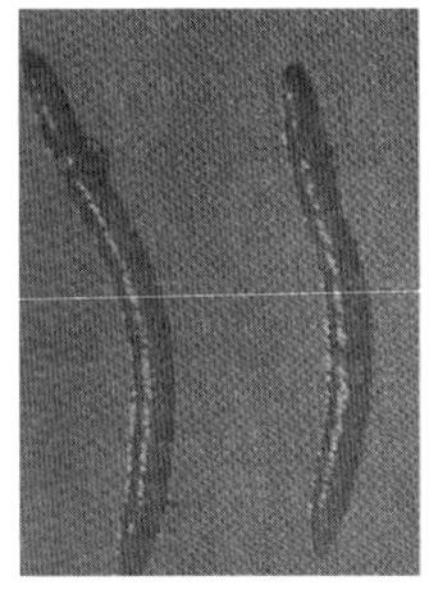

图8-19　细胸金针虫及其成虫（左）细胸叩头甲（右）

沟金针虫：成虫体长14～18mm，栗褐色，密被细毛。头部扁平，头顶呈三角形凹陷，密布刻点。雌虫后翅退化。老熟幼虫体长20～30mm，金黄色，稍扁平，体节宽大于长，胸、背面中央有1条细纵沟。尾端分叉并向上弯曲，各叉内侧均有1小齿（图8-20）。

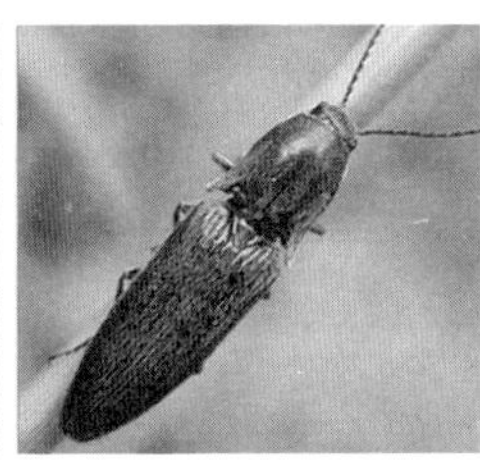

图8-20　沟金针虫（左）及其成虫沟叩头甲（右）

【生活史及习性】

金针虫需2～3年完成1代，以幼虫或成虫在土中越冬。沟金针虫一般3年完成1代，有世代重叠现象。以成虫越冬时，翌年3月中旬到4月上旬为成虫出土活动高峰期，5月上旬为卵孵化盛期，当年幼虫为害到6月底越夏，9月中旬又迁移到土壤表层为害，至11月下旬入土越冬。翌年3月上旬越冬幼虫至表土层活动为害，直到6月底越夏，秋季再为害一段时间，再以幼虫越冬。第二、第三年8月下旬至9月中旬幼虫在土层内化蛹，9月下旬羽化为成虫，直接在土层内越冬。

细胸金针虫多数2～3年1代。越冬成虫3月上旬开始出土活动，4月中下旬为高峰期，5月中旬孵化出当年幼虫，在土中取食为害，6 月底开始越夏，到 9 月下旬又上升至表土层为害，直到 12 月份进入越冬。翌年早春越冬幼虫开始上升到土表为害，4～6 月份是为害盛期，6 月底开始化蛹，8 月为成虫羽化盛期，成虫直接在土室中潜伏越冬。

两种金针虫成虫有叩头习性，具假死性、趋光性，对腐烂的植物残体有趋性。金针虫喜潮湿，在水浇地、低洼过水地和土壤有机质较多的田块发生多，降水早而多的年份发生重，干旱少雨发生轻。

【防治方法】

(1)栽培防治。深耕细耙，杀死越冬成、幼虫。与棉花、油菜、芝麻等金针虫不喜食的作物倒茬，恶化其食料条件。施用腐熟有机肥，适时灌水。

(2)诱杀。在成虫出土期设置黑光灯诱杀；在田间堆草诱捕细胸金针虫，诱后施 4%二嗪磷颗粒剂进行毒杀。

(3)药剂防治。采用杀虫剂进行土壤处理，参见蛴螬的药剂防治。

四、马铃薯块茎蛾

马铃薯块茎蛾又称马铃薯麦蛾、烟潜叶蛾等，属鳞翅目麦蛾科。国内分布于 14 个省(区)，以云、贵、川等省受害较重。主要为害马铃薯、烟草、茄子等茄科植物。幼虫潜叶蛀食叶肉，严重时嫩茎和叶芽常被害枯死，幼株甚至死亡。在田间和贮藏期间幼虫蛀食马铃薯块茎，蛀成弯曲的隧道，严重时吃空整个薯块，外表皱缩并引起腐烂。是国际和国内检疫对象。

【形态识别】

成虫为小型蛾子，体长 5～6mm，翅展 13～15mm。体灰褐色，略有银灰色光泽。前翅狭长，翅中央有 4～5 个黑褐色斑点。雌蛾在翅的臀区有黑褐色大斑，两翅合并时构成一长斑纹。雄蛾在该区有 4 个不甚清晰的黑斑，两翅合并时不构成长斑纹。幼虫共 4 龄，末龄幼虫体长 11～15mm，头部红褐色，体灰白色，老熟时背面呈粉红色或棕黄色(图 8－21)。

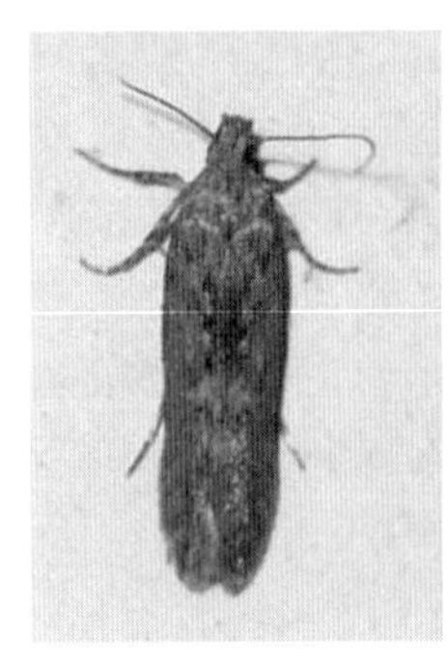

图 8－21　马铃薯块茎蛾成虫（左）与幼虫（右）

【生活史及习性】

马铃薯块茎蛾在江浙一带年发生6～8代，世代重叠严重。在宁波主要以幼虫或蛹在田间残留薯块、残株落叶、墙壁缝隙、室内贮藏的薯块中越冬。田间马铃薯以4～5月及11月受害较严重，室内贮存块茎在7～9月受害严重。成虫夜出，有趋光性，飞翔力强。雌蛾有孤雌生殖能力，在马铃薯田，卵多产在茎基部或土缝内，其次产于叶脉处；薯块上卵多产在芽眼、破皮、裂缝等处。幼虫孵化后爬散，吐丝下垂，随风飘落邻近植株，潜入叶内为害，形成透明泡状隧道；在块茎上则从芽眼蛀入。幼虫有转移为害习性，可随调运材料、工具等远距离传播。

【防治方法】

（1）严禁从疫区调种，控制虫源蔓延为害。

（2）选用无虫种薯，田间厚培土，不使块茎露出表土，防止成虫产卵。

（3）在种薯入库前，种薯和仓库均用溴甲烷、二硫化碳或磷化铝熏蒸处理，保证仓库和种薯不带虫。

（4）药剂防治。在成虫盛发时，结合防治蚜虫，使用对鳞翅目有杀灭作用的农药。如高效氯氟氰菊酯乳油，每亩用20～40ml，或亩用溴氰菊酯20～30ml。

五、茄二十八星瓢虫

茄二十八星瓢虫又名酸浆瓢虫，属鞘翅目瓢虫科。南方诸省发生较多，为害较重。其成、幼虫均食害叶片，被害叶仅残留上表皮，形成许多不规则的透明凹纹，后变褐色。

【形态识别】

成虫体长6mm，半球形，黄褐色，体表密生黄色细毛。前胸背板上有6个黑点，中间的2个常连成1个横斑；每个鞘翅上有14个黑斑，其中第二列4个黑斑呈一直线，是与马铃薯瓢虫的显著区别。卵长约1.2mm，弹头形，淡黄至褐色，卵粒排列较紧密。幼虫共4龄，末龄幼虫体长约7mm，体表多枝刺，其基部有黑褐色环纹（图8-22）。

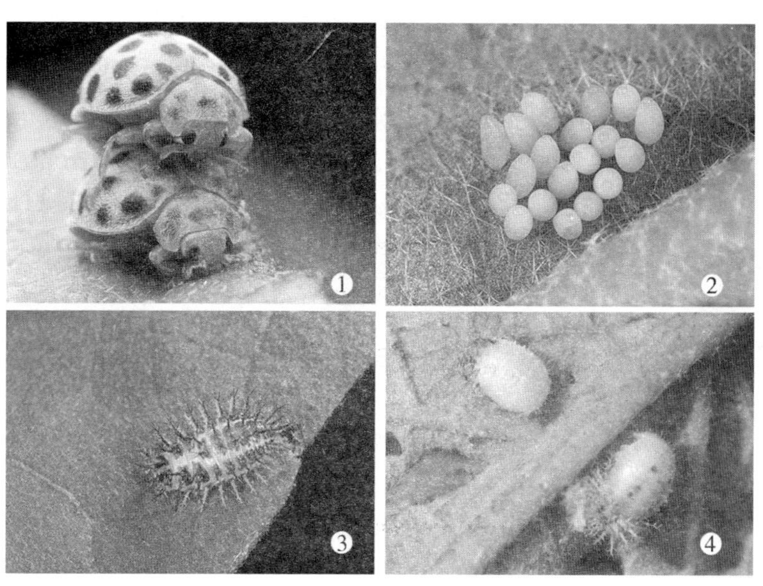

图8-22　茄二十八星瓢虫

1.成虫　2.卵　3.幼虫　4.蛹

【生活史及习性】

茄二十八星瓢虫在南方各地发生较重，以成虫在杂草、土壤、树皮、墙壁缝隙等处越冬。在浙江一般年发生3～4代，每年以5月发生数量最多，为害最重。成虫白天活动，有假死性和自残性，畏强光，多栖息在叶背面。卵成块产于叶背，故初孵幼虫先在叶背啃食叶肉,2～3 龄渐分散为害。幼虫共 4 龄,老熟后在原处或枯叶上化蛹。成虫生长最适温度为 25～28℃,南方各地 6～9 月间雨后初晴,最有利于成虫活动。当气温下降到 18℃后,成虫进入越冬期。

【防治方法】

(1)农业防治。清除薯田周围的茄科杂草;马铃薯收获后及时处理残株,消灭残留在植株上的卵和幼虫。

(2)物理防治。一是利用成虫假死习性,在中午温度较高时用盆承接并叩打植株使之坠落,统一收集杀灭;二是人工摘除卵块,雌成虫产卵集中成群,颜色艳丽,极易发现,易于摘除。

(3)药剂防治。在幼虫孵化盛期或低龄幼虫为害期喷药。及早选用 48%毒死蜱乳油 1 000倍液,或 2.5%三氟氯氰菊酯乳油 3 000倍液,或 50%辛硫磷乳油 1 000倍液,或 4.5%高效氯氰菊酯乳油 2 000倍液等喷雾。用药时注意叶片正反或两面均要喷到。

第九章　马铃薯加工与贮藏技术

第一节　马铃薯加工业发展现状与趋势

一、现状

（一）国外现状

在国外，近 20 年来，马铃薯直接食用的数量越来越少，大多通过将马铃薯加工成食品而加以利用。波兰、捷克等东欧国家，首先将马铃薯加工成精淀粉，并在此基础上发展淀粉衍生物生产；美国、荷兰、德国等国家是将马铃薯加工成薯条、薯片、全粉及各类复合薯片等快餐及方便食品、方便面半成品、蒸米（粒），脱水马铃薯片（泥、条）、马铃薯全粉、马铃薯面包、马铃薯方便面、薯糕、马铃薯脆片、马铃薯果脯、马铃薯饮料等；利用马铃薯提取淀粉后的渣子用于酿酒，制作发酵饲料、单细胞蛋白等，或者直接用鲜薯酿酒或制成传统油炸土豆片等产品。

发达国家马铃薯的加工量及消费量已占马铃薯总消费量的绝对优势，如美国 1/2 以上的马铃薯用于深加工；荷兰 80％的马铃薯用于深加工；日本每年加工用的鲜马铃薯占总产量的 86％；德国每年进口的马铃薯食品主要是干马铃薯块、丝和膨化薯块等，每年人均消费马铃薯食品 19kg，全国有 135 个马铃薯食品加工企业；英国每年人均消费马铃薯近 100kg，以冷冻制品最多；瑞典的阿尔法·拉瓦一福特卡联合公司，是生产马铃薯食品的著名企业，年加工马铃薯 1 万多 t，占瑞典全国每年生产马铃薯食品的 1/4；法国是快餐马铃薯泥的主要生产国；波兰成为世界上最大的马铃薯淀粉、马铃薯干品及马铃薯衍生品生产国，并在加工工艺、机械设备制造方面积累了丰富的经验，具有独特的生产技术手段。

（二）国内现状

马铃薯开发利用的应用范围很广，除进行全粉加工外，还可以以全粉为“基料”，经科学配方，添加必要的天然成分、制成全营养、多品种、多风味的方便食品、即食产品，如雪花片类早餐粥、肉卷、饼干、牛奶土豆粉、肉饼、丸子、饼子、虾条、魔术片等；可以以全粉为“添加剂”制成冷饮食品、方便食品、膨化食品及特殊人群（高血脂症和糖尿病患者及老年、妇女、儿童等）食用的多种营养食品、休闲食品等；可以以全粉为原料，加工成油炸马铃薯片；也可以利用马铃薯渣制膳食纤维。中国是马铃薯生产大国，种植面积、年总产量均位居世界前列，但由于受多种因素制约，马铃薯的加工利用却长期落后于发达国家，加工产品长期不能满足市场需求。据调查，目前中国国内对马铃薯及其衍生物产品的年需求量为 80 万 t，其中仅食品行业年需求量达 40 万 t，到 2030 年，市场需求总量将达到 300 万 t 以上，其中，食品行业 180 万 t，纺织行业 20 万 t，造纸行业 60 万 t，水产饲料行业 20 万 t，建筑、医药、铸造行业 30 万 t，而这些需求，中国国内都没法通过自己的加工予以满足。生产少、需求高、质量差，大部分需依赖进口。2000 年，中国变性淀粉产品约 35 万 t（主要是玉米淀粉），仅占世界变性淀粉产品的 7%左右，与美国相比，产量相差甚远，且主要集中在特种饲料的预糊化淀粉和纺织、造纸的氧化、磷酸脂、阳离子淀粉等品种上，马铃薯食品变性淀粉开发虽有很大起色，但产品很少。中国仅 2 家规模化生产企业，其中，天津顶峰公司的生产还是只供集团内部使用，产量仅 2 万 t（图 9－1）。

“十一五”后，我国马铃薯加工业发展步入快车道，依托不断扩大的市场需求，努力适应新的环境，积极克服各种自然灾害和国际金融危机，保持强劲的发展势头，产业规模持续扩大，产品结构不断优化。2008 年，我国生产冷冻薯条约 7 万 t；马铃薯片产量为 16

万 t；马铃薯全粉产量超过 10 万 t；马铃薯淀粉生产能力达到 80 多万 t；加工企业的发展呈强劲势头。变性淀粉、全粉、薯片加工企业数量显著增加，规模以上企业

图 9－1　国内某马铃薯全粉加工企业全貌

均由 2005 年的 10 家左右上升到 2010 年的 25 家以上。其中变性淀粉、全粉、薯片加工的规模化企业 30 多家。马铃薯加工产品产量、工业总产值、工业增加值、销售收入、利税分别达 140 万 t、197.4 亿元、60 亿元、192.7 亿元、25.8 亿元，比 2005 年分别增长 49.0％、98.6％、89.2％、107.2％、110.8％，年均增长分别为 8.3％、14.7％、13.6％、15.7％、16.1％。其中，淀粉加工企业主要分布在黑龙江、内蒙古、宁夏、甘肃、云南、贵州等省（自治区）；全粉加工企业主要分布在内蒙古、甘肃、山西等省（自治区）；薯片、薯条加工企业主要分布在北京、内蒙古、黑龙江、上海、广东、江苏等地。

马铃薯加工业的快速发展，拉动了相关装备制造业每年增加产值 10 余亿元，淀粉、变性淀粉、全粉等马铃薯加工产品作为重要的工业原辅料，支撑了食品、造纸、纺织、医药、化工等产业的发展。2010 年，马铃薯加工业消耗马铃薯 692 万 t，比 2005 年提高 28.4％，年均增长 5.1％。以品种计，马铃薯加工产品的产量为：淀粉 45 万 t，变性淀粉 16 万 t，全粉 5 万 t，冷冻薯条 11 万 t，各类薯片 30 万 t，粉丝、粉条、粉皮 30 万 t（以干基计）。

我国粮食安全战略，为马铃薯加工业发展创造了良好空间，消费结构升级为马铃薯加工业拓宽应用领域提供了契机。

“十二五”时期是我国全面建设小康社会的关键时期，是深化改革开放、加快转变经济发展方式的攻坚时期，马铃薯加工业也步

入新的发展阶段。生活水平的改善、城镇化率的提高、工业技术的发展，将直接带动消费需求不断升级和消费市场不断扩大，促进马铃薯精深加工产品生产和销售的快速增长。同时，马铃薯淀粉、变性淀粉和全粉作为天然高分子化合物，具有良好的安全性、营养性、功能性，市场潜力较大，将在食品加工领域得到越来越广泛的应用。

随着经济发展全球化，一方面，发达国家先进的马铃薯加工技术和装备、新型产品等加速向中国市场推广，并被我国马铃薯加工企业引进、吸收和再创新；另一方面，发展中国家、新兴市场国家对马铃薯精深加工产品和技术需求的增加，为我国马铃薯加工业扩大国际市场、开展国际交流与合作创造了有利条件。我国独特的马铃薯资源优势、产业优势，在亚太、拉美和非洲地区拥有广阔的市场需求和发展前景。

目前，我国马铃薯加工业正处于提升发展时期，呈现出 5 个明显的发展特征。

1. 加工业向规模化发展

全国马铃薯加工企业总数现已达到 4 500多家，其中规模化企业 150 多家。企业生产规模由过去的百吨级发展为现在的万吨级。符合国家一级标准的马铃薯淀粉厂由过去几家发展至现在 30 多家。马铃薯薯条加工企业也从无到有。

2. 产业化发展取得进展

具备资源优势、技术优势和项目带动优势的马铃薯产区，大多以“龙头企业＋基地＋农户”的产业化模式发展马铃薯加工业。在甘肃、内蒙古、云南等地，已初步形成了具有特色的产业体系。其中，内蒙古华欧、云南润凯、宁夏北方、四川光友等一批大型马铃薯加工企业已经发展成为全国性的马铃薯加工骨干企业。

3. 加工技术水平显著提高

通过引进技术装备，通过消化、吸收和再创新，我国马铃薯加工业向生产规模化、装备先进化方向发展。带动了加工业整体技术水平的提升。如淀粉企业采用的刨丝机和全旋流分离装置，淀粉游离率由80%提高到90%以上，淀粉提取率由原来的不足80%提高到88%。蒸汽去皮、水力切条和低剪切制薯泥等技术的采用，大大提高了薯条、薯片和全粉的加工质量。

4.加工增值链条得到延伸

马铃薯从初级产品加工成淀粉、精粉、全粉、薯条、薯片和薯泥，加工增值空间巨大。根据市场需求，加工企业进入马铃薯产业链条中的各个环节，形成了一系列马铃薯产品的加工产业。

5.进口替代作用明显

我国马铃薯制品消费量巨大，需要通过进口弥补国内供需缺口。2006年前，我国马铃薯加工产品一直是净进口，随着国内马铃薯加工业的发展和进步，2007年以来，部分马铃薯制品已经转变为净出口格局。国内马铃薯加工业的迅猛发展，加工产品的国产比率日益提高，越来越多的马铃薯加工产品成为净出口产品。

马铃薯加工业发展前景乐观，但困难与问题依旧存在。其一，根据市场调查，我国马铃薯加工产品主要为粉条、粉丝、油炸马铃薯食品等，在产品加工的数量与品质上，还远不能满足人们对营养、方便和卫生食品的需求；其二，中国市场马铃薯全粉和马铃薯衍生物产品还很少，有些还依赖进口。如马铃薯全粉原料仍依赖进口，年需求量3万t以上，价格昂贵，而国内现在年产量仅3 500t。鉴于中国国内市场对马铃薯类食品的青睐及其难以为广大中低收入消费者所接受的高价位，亟待开发中国马铃薯全粉及其淀粉衍生物等产品。

制约我国马铃薯加工业发展的因素主要有以下几个。

1.马铃薯种植水平低

我国马铃薯加工业发展起步晚，应该具有的后发优势没有得到体现的主要原因就是加工专用型马铃薯发展水平低下，优良品种的选育和推广不能满足加工业发展要求，尽管我国也有不少加工专用品种，但由于农户的分散特征，马铃薯加工品种生产很难形成规模。例如,优质脱毒种薯比例低和种薯退化明显,缺乏优质高效大田生产栽培技术和流行性病虫害预测预报技术,机械化作业和质量监控手段不高,导致我国马铃薯生产中适合加工的原料薯合格率低,这是目前我国马铃薯生产大而不强的重要原因。

2.产业链条开发不全,综合加工利用效率低

目前我国85%的马铃薯用于鲜食,加工比例只有15%左右,而发达国家的加工比例一般都很高,比如美国马铃薯的加工比例达到60%,荷兰的加工比例达到了47%。国内马铃薯加工主要加工成淀粉、粉丝和粉皮等中低端产品,而用于加工薯片、薯条、全粉和淀粉等高附加值产品的很少。由于技术创新不足,新配方和新产品开发有限,导致马铃薯加工产业链的加工深度、消化能力和利用效率偏低,经济效益不高,不仅造成资源浪费,而且污染环境的问题也比较突出,制约了马铃薯加工业的健康发展

3.领袖型大企业少,产业效益提升基础不稳

我国马铃薯加工企业虽然众多,但规模化的加工企业只占少数,更缺乏具备行业领袖型企业集团,大多加工企业生产规模小,技术设备落后,尤其是经营理念和管理手段不能适应现代市场要求,直接影响马铃薯产业健康发展,上不了台阶。同时,由于马铃薯加工业的进入门槛较低,近年国内马铃薯种植优势地区的小型马铃薯加工企业遍地开花,重复建设情况比较严重。这些小型马铃薯加工企业设备简陋,工艺落后,出成率低,对加工过程中产生的废水、废渣的处理和综合利用不够重视,既造成资源浪费和环境污染,又对马铃薯加工和市场造成一定冲击,加剧了小规模、大产业间的矛盾,制约了马铃薯加工业的发展。

4.行业自律缺位,产业发展秩序有待规范

我国的马铃薯加工业属于朝阳产业,具有国内13亿人口的大市场,加工业发展条件和机会得天独厚,但目前我国马铃薯加工业由于缺少有效的行业沟通和自律组织,为数众多的加工业仍处于散兵作战和盲目发展,使马铃薯产品生产和市场处于频繁波动阶

段，更谈不上加工业的良性发展。需要及时借鉴欧美等国的发展经验，建立紧密协作的产业协会和合作组织，进一步规范产业发展秩序。

二、发展趋势

根据国情，我国马铃薯加工业今后一个时期的发展趋势如下。

1. 企业兼并重组，马铃薯加工产业将在调整中前进

随着居民收入水平的提高和生活习惯的转变，消费结构将发生本质变化，马铃薯鲜食比例将逐步降低，加工品消费比例将提高到50%以上，届时马铃薯年加工能力有望达到7 000万 t左右。为适应这一形势发展，为数众多的马铃薯加工企业间的竞争将更加激烈，逼使企业与企业之间通过合作来增强市场的竞争力，促使马铃薯产业整体发展能力增强。大型领头加工企业将脱颖而出。产业整合与兼并，产业集中与升级成为必然趋势。

2. 以高科技为手段，加大技术创新和产品创新，走精深加工、综合利用、减排环保的发展道路

在工业应用领域，马铃薯淀粉及其衍生物是纺织、造纸、化工和建材等领域的添加剂、增强剂与稳定剂等原料；在医药应用领域，马铃薯可用于生产酵母、酶、维生素和人造血液等产品；在食品制造领域，以马铃薯及其加工品为原料配制的营养美味健康食品多达几百种，为人民生活所必需。拓宽马铃薯的应用领域，增加马铃薯产品的附加值，关键在于应用高科技，要走精深加工、综合利用和减排环保的路子。目前，国内马铃薯加工业主要生产中低端产品（比如淀粉），而中低端市场利润率低且市场已趋于饱和，为提高效益，企业必须将眼光转向高端市场，依靠科技进步和技术创新，走精深加工之路。

3. 加工企业实施规范化和标准化生产

马铃薯加工业生产水平和马铃薯制品消费能力的不断提高，市场容量的进一步扩大，使我国马铃薯加工业发展的后发优势得到进一步凸显，同时也要求我国在行业的组织协调、生产安排上进

一步规范化、标准化，有序借鉴欧美发达国家马铃薯产业发展经验，加快国内马铃薯加工品种选育和专用研究，推进商品薯及原料薯生产的机械化、规模化，实现马铃薯加工工艺、设备、包装、储运、运输和销售等各个环节的全程质量控制，不断创新马铃薯全粉、薯片、薯条、脆片和膨化食品等加工技术；健全我国马铃薯行业协会和合作组织，充分发挥行业协调和自律作用；完善马铃薯产品质量检验、检测体系和信息服务体系，以规范化、标准化来促进行业发展。

三、重点方向

马铃薯加工产业要调整结构，转变方式，实现产业可持续发展，今后重点扶持方向如下。

1.建立订单农业运作模式

鼓励马铃薯淀粉、全粉加工企业，通过建立原料基地和引入订单机制，强化加工原料的供应保障。通过产业整合和技术创新，加快淘汰落后产能，提高资源利用率。要提升工艺技术水平、产品质量水平、节能减排水平；提高污染处理能力、淀粉优级品率，提高产业集中度、品牌知名度。推广全旋流、全自控式先进工艺装备。加大全粉生产应用技术研发和市场开发力度，拓宽应用领域，制订产品国家标准或行业标准。优化区域布局，强化基地建设，普及专用品种。

2.建设冷冻薯条、薯片加工业

大力发展马铃薯的冷冻薯条、薯片加工业，满足人民群众的多元消费需求；加大国产化冷冻薯条、薯片加工装备研发力度，提升自主化装备水平；培育一批技术含量高、符合市场需求、具有较强竞争力的骨干企业，打造自主品牌；切实保障薯条、薯片等大众化食品的原辅料品质，加强生产技术研发，保障产品质量安全；因地制宜，丰富加工制品的花色品种；加强同品种开发和农业种植业单位合作，大力开发、推广专用品种，提升仓储、物流水平。

3.发展新型产品加工业

重点发展科技含量和附加值高的马铃薯变性淀粉系列产品

(食品添加剂、精细化工产品、双降解产品、医药辅料产品、膳食纤维产品等)以及马铃薯深加工食品(方便休闲食品、膨化烘焙食品、功能食品等),鼓励发展薯类保鲜制品、半成品等马铃薯产品加工业,形成高端产品与低端产品、终端产品与半成品相结合的马铃薯加工产品结构,满足不同层次、不同领域的消费需求。

第二节　马铃薯加工设备和产品制取工艺演变

一、马铃薯加工设备的演变

我国传统的马铃薯加工主要是"三粉(淀粉、粉丝、粉条)"加工,这在我国已有上千年的历史,拥有丰富的生产经验和悠久的文化积淀。

20 世纪 70 年代初,粉条、粉丝在我国是生产队分配品。在那时山区农村每当马铃薯收获季节,都由生产队组织将收获的大部分马铃薯晒干刨片做成干粮或薯粉,少数的则由生产队粉坊加工成淀粉,然后深加工成粉条,分配给各家各户,粉条成了当时人们最喜爱的食品之一。当时"三粉"加工条件很差,完全是依靠人力劳动并借助石磨等原始工具来完成,劳动强度大,淀粉提取率低,制作粉条甚是消耗体力。制作粉条的全程操作都由"和面师傅","漏粉师傅"、"捞粉师傅"、"劈柴烧火师傅"合作完成,火大火小都要严格掌握。"烧火"是这项工作最受气的活;"和面"是最消耗体力的活,面团糅合程度决定粉条的质量好坏,往往把和面的人累得满头大汗。面团和成了,就由"漏粉师傅"锤打下锅,由"捞粉师傅"将熟化后的粉条捞出,利用淀粉糊化后老化的特性,通过手工漏粉法或机制挤出法制成耐煮、不断条、不糊汤、绵软有筋性的粉丝、粉条、宽粉及粉皮等。

20 世纪 80 年代后,随着社会进步,马铃薯加工企业逐步实现了机械化生产,"三粉"加工机具逐步完善,一般小型的马铃薯产品加工企业,多拥有以下一些设备。

1.清洗机械

加工成淀粉之前，首先要对马铃薯进行泥沙清洗、去皮。如山东“科阳”牌KYB－3洗薯机具有螺旋推进、涡轮调速、旋转喷水的特点。兼有洗薯、输送功能，适用于马铃薯等块状物料清洗。其技术参数为：产量≥3t/h，功率2.2kw，占地5m²。

2.制粉机械

制粉机械的功能，是将清洗后的马铃薯进行充分破碎，使淀粉颗粒能最大限度地游离出来。小型淀粉厂破碎机一般都采用锤片式粉碎机。锤片式粉碎机具有价格低、能耗小、锤片使用时间长、不易损坏等优点，但产量小、粉碎效果不太理想。还有的机具如GD－Y－1388型溢流淘洗式薯类制粉机具有粉碎效果好的特点，可用于马铃薯和其他块根、块茎类农产品淀粉的提取，适于农户小规模、分散加工使用。该机技术参数为：加工效率1t/h，功率4～5.5kw。设备重量250kg。

3.淀粉乳洗涤机械

此类机械的功能是对淀粉进行洗滤和脱水，提高淀粉质量，使其韧性加强、色泽洁白、含水分少，便于下一步进行粉丝、粉皮等粉制品的制作。如固得威薯业生产的GD－TS－03型真空洗滤式脱水机适合于一般小型马铃薯产品加工企业使用，其技术参数为：过滤面积3m²，出料含水率≤40％，生产能力0.2～0.3t/h，电机功率1.5kW，外形尺寸1.6m×1.5m×1.6m。

4.加工粉制品机械

此类机械用于最后将淀粉加工成粉丝、粉条、粉带、川粉。其选择的范围极广，种类繁多，如GD－T－DZ型高效节能多功能粉丝机的技术参数为：效率100kg/h，动力5.5kw，质量150kg。

目前，马铃薯加工企业已逐步趋向大型化，国外淀粉工业发达的国家对淀粉及其深加工产品的生产，已实现了规模化生产，采取全封闭的微机自动控制线，在生产工艺上，或全旋流器工艺，或采用离心机工艺，生产设备先进，生产效率高，产品质量好，日处理在

1 000t 的大型企业越来越多，如世界上最大的阿瑞贝(Arbe)马铃薯淀粉生产集团，每年生产马铃薯淀粉及其衍生物达到 660 000t。

二、马铃薯产品制取工艺的演变

蛋白质等的分离是淀粉质量的关键工序。目前，蛋白质分离工艺主要有酸浆分离，流槽分离、离心机分离、离心机与旋流器组合分离以及全旋流器分离等方法。较先进的是全旋流器工艺，其中以俄罗斯的多级旋流分离器最为先进，这套设备日处理能力有 50t、100t、200t、500t、1 000t 的规模，还可根据用户需要调整设备的生产能力，它与离心机工艺相比，具有很多特点。

1. 占地面积小

日处理能力 500t/天马铃薯需占地面积 300m²；处理量大，投资少。

2. 生产成本低

全旋流器工艺处理马铃薯 3t/h 的设备，投资约 5.9 万美元。

3. 节省劳力

加工马铃薯 100t 需 1 人，完成淀粉分离工序仅需 2min。

4. 淀粉得率高

淀粉提取率达到 84%～87%。

5. 全封闭无泡沫产生

生产过程不产生泡沫，车间环境安全、卫生，便于管理。

6. 用水量省

每吨马铃薯洗涤用水 0.6t、淀粉用水 10t。

比全旋流器工艺远为逊色的离心机工艺，则存在投资大、生产环境差、用水费、劳动生产率低下等缺点。它与全旋流器工艺相比，相同规模设备投资约需 11.8 万美元，淀粉提取率 75%～82%；生产过程中产生大量泡沫，环境恶化，难以管理，生产效率低；用水量大，每吨马铃薯洗涤用水 3t，淀粉用水量为 30t，日处理 500t/天马铃薯要占地面积 900m²；加工马铃薯 100t 需 5 人，淀粉在分离工序作业需 20～30min。

第三节　马铃薯“三粉(淀粉、粉丝、粉条)”加工

马铃薯“三粉(淀粉、粉丝、粉条)”是我国传统产品,我国农村素有加工“三粉”的习惯。

一、淀粉加工

“三粉”生产首推淀粉,淀粉需求量最大,因此,其加工在我国马铃薯加工产品中所占的比例也最大。根据中国淀粉工业协会数据,2006 年我国各大小企业共生产马铃薯淀粉 18.8 万 t,到 2012 年大约接近 46 万 t。

我国马铃薯淀粉加工业起步较晚,直到 20 世纪 70 年代后期,设备仍停留在发达国家 50 年代前的水平,淀粉企业仍以生产粗淀粉为主。进入 80 年代,国内先后开发了年产 1 000t、2 000t、3 000t 的精制淀粉成套设备。淀粉提取率、白度、粘弹性等有了质的变化和提高,基本满足了当时国内中小淀粉企业的需要,奠定了马铃薯精制淀粉工业的基础,国内市场供应也逐渐由粗淀粉转为精制淀粉。至 90 年代,从俄罗斯、波兰引进马铃薯淀粉生产线,特别是引进俄罗斯淀粉全旋流技术和设备后,使生产每吨淀粉耗水由原来的 20t 降至 6t。

方便食品、饲料加工和养殖业的快速发展是助推马铃薯淀粉加工产业发展的主要原因,特别是 20 世纪 90 年代以来,迅速成长起来的膨化小食品、油炸方便面、饲料、养殖业对马铃薯精制淀粉和变性淀粉的巨大市场需求,大大促进了马铃薯淀粉加工业。一段时间内,马铃薯淀粉市场价格达到了空前高位。由此带动了 90 年代早、中期开始的对俄罗斯、波兰、瑞典、丹麦、荷兰等先进淀粉加工技术和设备的引进高潮,也极大的推动了国内淀粉加工水平的提高和发展。

全球变性淀粉生产的发展迅速,使以马铃薯淀粉为原料的产品达到了 2 000多种,被广泛运用于食品、医药、化工、饲料加工、

石油钻探、纺织、造纸等工业。随着我国马铃薯主粮化的推进，大力发展马铃薯淀粉生产将被提到一个更加重要的地位。

1. 淀粉加工的工艺流程

原料处理→洗粉→沉淀取粉→烘干

2. 淀粉加工的操作要点

(1)原料处理。将要加工的马铃薯倒入缸中用清水洗涤干净，然后用刀切成杏大的小块。将小块放入石磨中磨成泥状糊糊，盛入小木桶中。但要注意不要磨得太粗，也不要磨得太细。太粗马铃薯中的淀粉不容易洗净，太细淀粉洗出困难。所以，只要磨成细丝，像泥状糊糊即可。

(2)洗粉。把磨好的马铃薯泥装入竹箩内，用水洗涤，使淀粉滤入缸中。每箩一次滤 20kg，每千克糊糊用 2kg 浆水与 1kg 清水分 3 次洗粉。这里所说的浆水，就是指淀粉在缸内澄清过程中上层所澄的浑水。在大缸中澄清的浑水，经保温 20～30℃贮放变酸以后称老浆，在小缸中澄清的浑水称小浆。洗粉时第一次用小浆水洗涤，第二次用老浆水洗涤，第三次才用清水洗涤。用浆水的多少，要看马铃薯浆水的好坏与天气冷热以及浆水酸度大小决定。坏浆水应当少用些，以免浆水多破坏淀粉。天气热时浆水亦应当少用。刮风天气浆水与清水各用一半。浆水酸度大时也应少用。洗粉完毕后，将粉浆滤入大缸中，薯渣在箩内控干滤净后取出贮放。

(3)沉淀取粉。每个大缸可过三箩(即 60kg)糊糊，过滤清洗完淀粉后，加老浆一瓢(0.5～1kg)在粉浆中搅拌均匀，静置 2～3h 后，取出上层浑水，放入老浆缸中留作下次洗粉时用。底层浑水不能再用，但可喂猪。其余大部分淀粉沉于缸底，凝结成块。这时，加清水25～30kg，将块状淀粉再搅成糊，进一步清洗杂质。搅拌均匀后，将浆液分放到两个小缸中，继续静置澄清 14～15h 后，淀粉在缸底凝结成块。这时，取出上层浑水作过箩洗粉用，将缸底块状淀粉取出，放入布包中，吊在空中 3～4h 后将残余水分控净。在这时候，还需用手打布包2～4次，以加快控净水分的速度。

(4)烘干。将布包中淀粉分成长10～15cm、宽8～13cm、厚3～7cm、重0.5～1.1kg的小块。将小淀粉块排列在烤篓外边，以温火烘干。烤篓用柳条编织成高50cm、底层宽60cm、内径40cm的礼帽状。烘淀粉时，在烤篓下面支一个木架，架中生火炉，保持上层温度在80～85℃，中层温度在55～60℃，下层温度40～45℃。在这种温度下需要烤6～8h，冬天延长到10～12h，夏天缩短到4～5h。经过烘烤的淀粉应洁白光亮。直接用火烘烤完毕后，将淀粉块打碎，再放在火炕上摊平烘干。火炕长2.5m、宽1.6m，炕内烧火，保持温度在33～45℃。炕的表面以黏土打平，在烘淀粉前应先用粉浆糊涂一薄层，以免把灰粉带入成品中。淀粉在火炕上需要烘15～20h，具体时间的掌握还要看温度的高低来决定。烘干后的淀粉，放入每平方厘米64孔的铁丝筛中，用手搓碎过筛后即可装袋。

二、粉丝加工

(一)普通粉丝的传统加工

普通粉丝是我国传统的淀粉制品，做汤、菜均可，其风味独特、烹调简便、成本低廉。粉丝和粉条的不同之处主要是粉丝远较粉条细，此外还常有原料上的不同。在用粗制薯类淀粉加工时不易成粉丝、因此常在加工粉丝时使用豆类淀粉，或将薯类精制淀粉和豆类淀粉以一定的比例混合，可增加粉丝的风味。

1.工艺流程

淀粉→打浆→调料→漏粉→冷却、漂白→干燥→成品

2.操作要点

(1)打浆。先将淀粉用热水调成稀糊状，再把沸水向调好的稀粉糊中猛冲、快速搅拌约10min，调至粉糊透明均匀、易于出丝为止，即为粉芡。

(2)调粉。首先在粉芡内加入0.5%的明矾，充分混匀后，再将湿淀粉和制成的粉芡混合，搅拌好揉至无疙瘩、不黏手，成能拉

丝的软面团即可。初做者可先试一下，以漏下的粉丝不粗、不细、不断为正好。若下条快且断条，表示芡大（太稀）；若条下不来或太慢，粗细不匀，表示芡小（太干）。芡大可加粉，芡小可加水，但以一次调好为宜。

（3）漏粉。将面团放在带小孔的漏瓢中挂在开水锅上，均匀加压力（或加振动压力）后，透过小孔，粉团即漏下成丝状，入沸水中遇热即凝固成丝。此时应经常搅动，或使锅中水缓慢向一个方向流动，以防粉丝粘着锅底。漏瓢距水面的高度依粉丝的细度而定，一般在 55～65cm，高则条细，低则条粗。

粉丝用芡量比制粉条多，即面团稍稀；所用的漏瓢筛眼多用圆形筛眼（较小）。

（4）冷却、漂白。粉丝落到沸水锅中后，待其将要浮起时，用小竿（一般用竹制）挑起，拉到冷水缸中冷却，以增加粉丝的色度或黏性物质含量、光滑度。为了使粉丝色泽洁白、还可用二氧化硫熏蒸漂白。二氧化硫可用点燃面硫磺块制得，熏蒸可在一专门的房中进行。

（5）干燥。浸好的粉丝可运往晒场，挂在绳上，随晒随抖擞，令其干燥均匀。粉丝经干燥后，可取下捆扎成把，即得成品，包装备用。

粉丝生产可采用新型粉丝机生产。用新型粉丝机生产粉丝可简化生产工序，即不打芡、不蒸、不煮、不下水，鲜粉进机，粉丝即出。

3. 质量要求

粉丝要求色泽洁白，无可见杂质，丝条干脆，水分含量不超过 12%。无异味。烹调加工后有较好的韧性丝条不易断，具有粉丝特有的风味，无生淀粉及原料气味，符合食品卫生要求。

（二）精白粉丝加工

精白粉丝是应用食品流变学的原理，采用生物技术、微细化技术、复压技术等高新技术和独特的工艺制作而成。

1.生产配方

马铃薯97%、明矾0.15%、单甘脂0.05%、石灰水0.1%、食盐2.7%。

2.生产工艺流程

马铃薯清洗去皮→打浆→淀粉提取→微细化处理→漂白处理→脱水→混合→复压处理→挤丝→预煮→冷却、冷冻老化→烘干→包装→成品入库

3.操作要点

(1)原料要求。选用新鲜、无腐烂、淀粉含量高的马铃薯作原料,未成熟或贮存过久的、腐烂的、可溶性糖含量高和淀粉含量低的马铃薯不能用。

(2)清洗去皮。将马铃薯送入清洗机中,清洗泥沙,再滚动去皮。

(3)打浆。将洗净的马铃薯送入磨浆机中磨浆。

(4)淀粉分离。分离的方法有自然沉淀法、酸浆沉淀法和工业上的离心法等。一般可采用酸浆沉淀法,此方法是在淀粉中加入酸浆水搅拌后沉淀。酸可使蛋白质和淀粉处于等电点附近而沉淀下来。由于淀粉比蛋白质比重大,蛋白质沉淀于淀粉层之上,并且酸对淀粉有漂白作用。沉淀后,除去上层浑水和蛋白质层,加清水搅拌过筛,自然沉淀。

(5)微细化处理。将分离出的淀粉用泵打入胶体磨中进行微细化处理,得细度均匀的淀粉。

(6)漂白处理。向淀粉浆中加入适量的碱,除去淀粉浆液中的色素及杂质;再加入酸以除去淀粉浆中的蛋白质,并中和碱处理时残留的碱,抑制褐变;最后加入生物活性物质酶,让其分解淀粉液中的杂质,可以把浮在上层的渣子除去,得到洁白无杂质的马铃薯淀粉。

(7)脱水。将沉淀后的淀粉取出晒干或烘干脱水,使含水量降低到35%左右。

(8)混合。取淀粉总量的3%～4%淀粉，先用少量温水(40～50℃)搅拌均匀后，冲入沸腾的开水，并迅速搅拌至糊化成透明而黏稠的糊状。将明矾、单甘脂等食品添加剂溶解，与剩下的97%左右的淀粉及芡糊倒入混合机中，搅拌混合均匀，混合温度为30～40℃，得到淀粉团。

(9)真空处理。将混合好的淀粉团送入真空搅拌机中抽真空搅拌，去掉绝大部分的空气。

(10)漏粉、煮粉。将真空处理好的淀粉团投入漏粉机中漏粉，根据要求采用不同的漏勺漏出不同形状的粉条，并调节漏粉机与煮锅的高度来调节粉条的粗细。煮锅内的水要烧至沸腾后才能开始漏粉。

(11)冷却、冷冻老化。将煮熟的粉条从煮锅内捞出，并立即放入冷水中冷却定型；然后剪成规定的长度，送入冷冻库中冷冻12～18h，温度为－18℃；最后取出，送入干燥机中干燥成规定的含水量≤14%，进行包装即得成品。

4. 成品质量指标

(1)感官指标。①色泽：晶莹剔透，色泽一致，外观有光泽，粗细一致，无杂质，无斑点；②滋味与气味：具有马铃薯粉应有的滋味及气味，无异味；③复水性：煮、泡6～8min不夹生，具有韧性，有咬劲，久煮不糊。

(2)理化指标。净重每袋400g±12g，水分含量≤14%，断条率＜5%，酸度≤1，粉条直径1～1.5mm。

(3)卫生指标。细菌总数＜50 000个/100g，大肠杆菌＜30个/100g，致病菌不得检出。

三、粉条加工

粉条是由淀粉加工而成的一种食品。由于品种多、色泽白、质地柔韧、味道鲜美，深受人们的喜爱。粉条的种类很多，就形状分可分为宽粉条、粗粉条和细粉条，就加工方法分可分为风粉条和冻粉条。风粉条适合于常年加工，但只能生产宽粉条和粗粉条；冻粉条可以加工各种品种,但是若无机械制冷,只能在严冬加工生产。

1.生产工艺流程

打芡→揉面→漏粉条→捯粉条→冷冻→淋粉条→晾晒

2.操作要点

(1)打芡。即按加工粉条的种类,分别称取一定数量的淀粉和明矾,置于大盆中,用开水调成稀乳状,即成芡。制芡的关键是用作制芡的淀粉和明矾的用量要适当,对水适宜,且水温不低于98℃。三者的比例大致是:每漏100kg干淀粉的粉条,需用0.3kg明矾,对开水35L。芡粉(制芡用的干淀粉)的数量,因所漏粉条的种类不同而异:按加工100kg粉条计算,加工宽粉条需要3.5kg,菜粉条需要3.2kg,汤粉条需要2.7kg。具体制芡的方法是:先把明矾研碎,用少许开水溶化,再对芡乳,加入滚开水边冲边搅拌,直到冲熟成半透明、似大米粥状为止。制芡是漏粉条的关键环节,除了用料比例适当外,还必须使芡粉达到彻底干、白、净,质量好,而且要操作认真。

(2)揉面。也称和面。即打芡后,稍晾一会儿即可将加工的淀粉倒入盆内,边倒边快速搅和,上下翻搅(人工揉面3人为宜)直到搅匀揉透,不黏手,全盆上下没有干粉或芡汤为止。

(3)漏粉条。漏粉条常用八印(锅口直径75cm)以上的大锅,待锅内水烧开后,即可把揉好面的面盆放在锅台上,然后将揣好的面团装满漏粉瓢,漏粉人一般是右手不停地捶打瓢沿,由于粉瓢不停地均匀地振动,使瓢内面团从瓢孔向锅内外水中徐徐漏下,煮熟后即成粉条。

宽粉条、菜粉条因较粗,不易变熟定型,故要顶沸水下锅:汤粉条则要掌握落开下锅(以免开水滚断粉条)。漏粉条时,粉既要不停地移动,以防粉条下锅后堆黏在一起。粉瓢距离水面的高度,依粉条种类不同而异,细粉条瓢要稍高些,宽粉条、粗粉条则低些。一般高度距离水面为70cm左右。同时,开始时身体略高一些,随着瓢内面团的减少,身体可渐俯低一些。粉条入锅后,另一人(俗称拨锅人)要用木钩迅速将粉头钩住,等粉条成熟上浮时,及时沿粉头顺序拨出锅外,放入冷水池。

(4)掐粉条。粉条进入冷水池(锅)以后,使粉条迅速冷却,随着水温的上升要及时对换冷水或冰块。所谓"掐粉",就是抓住"粉头",理顺后套在木棍上(俗称粉杖子,长约 70cm,直径 2cm),要求杖子上的粉条长短一致,均匀、整齐。然后架在室内沥水。

(5)冷却、分离—成品。将沥干水的粉条从杖子上取下置于水池中,用手将粘连在一起的粉条搓开,然后挂在迎风向阳处晾晒即成成品。

如果是生产冻粉条(俗称冻粉)在完成掐粉条、冷却、沥水后,要再移架在事先挖好的防风洞或不透风的冷室内,排列架好,谨防透风,以防烧条(即粉条糠白、脆碎)影响品质。一般在−15℃温度条件下冷冻两天两夜(冷冻时间视温度高低自己掌握),然后再进行淋浇、晾晒(挂在迎风处)待八成干后,把杖子上的粉条捆在一起,再把杖子抽出。

长年加工冻粉条的工厂则都靠机械冷冻。

四、粉皮加工

粉皮是淀粉制品的一种,其特点是薄而脆,烹调后有韧性有特殊风味,不但可配制酒宴凉菜,也可配菜做汤,物美价廉食用方便。

粉皮的加工方法较简单,适合于土法生产,所采用的原料是淀粉和明矾。

1. 工艺流程

调糊→成形→冷却、漂白→干燥→成品包装

2. 操作要点

(1)调糊。取含水量为 45%～50%的湿淀粉或干淀粉,用为淀粉量2.5～3.0 倍的冷水慢慢加入,不断搅拌成稀糊,并加入明矾水(明矾用量为每 100kg 淀粉加明矾 300g)搅拌均匀,调至无粒块为止。

(2)成形。用粉勺取调成的粉糊 60g 左右,放入旋盘内,旋盘为铜或白铁皮制成的直径为20cm的浅圆盘，底部略微外凸。将粉糊加入后，即将盘浮于锅中的开水上面，并拨动旋转，使粉糊受到离心力的作用由底盘中心向四周均匀地摊开，同时受热，按旋盘底部形状和大小糊化成形。待粉糊中心没有白点时即连盘取出，置于清水中，冷却片刻后脱出放在清水中冷却。成形操作时，调粉缸中的粉糊需要时时搅动，使稀糊均匀。成形是粉皮加工的关键一步，必须动作敏捷、熟练，浇糊量稳定。旋转用力均匀，才能保证粉皮厚薄一致。

(3)冷却。粉皮成熟后，可取出放到冷水缸内浮旋冷却。冷却后捞起，沥去浮水。

(4)漂白。将制成的湿粉皮放入酸浆中漂白，也可放入含有二氧化硫的水中漂白(二氧化硫水溶液，即亚硫酸，其制备方法是把硫黄块燃烧，把产生的二氧化硫气体引入水中，让水吸收即制得)。漂白后捞出，再用清水漂洗干净。

(5)晒干。把漂白、洗净的粉皮摊到竹匾上，放到通风干燥处晾干或晒干。

(6)包装。待粉皮晒干后，用干净布擦去尘土，再略经回软后叠放到一起，即可包装上市。

3.质量要求

干燥后的粉皮要求水分含量不超过12%，干燥、无湿块，不生、不烂、完整不碎，每8张重400～500g。

第四节　马铃薯全粉与其他系列产品加工技术

一、全粉加工

马铃薯全粉和马铃薯淀粉是两种截然不同的制品，其根本区别在于全粉加工没有破坏植物细胞，虽然干燥脱水，但一经用适当比例复水，即可重新获得新鲜的马铃薯泥，制品仍然保持了马铃薯天然的风味及固有的营养价值。而淀粉却是破坏了马铃薯的植物细胞后提取出来的，制品不再具有马铃薯的风味和其营养价值了。马铃薯全粉实际上就是将鲜薯熟化加工制成的干粉。它保持了马铃薯天然风味和营养物质。它是食品加工的中间原料，可制成多种食品。马铃薯全粉加工有两种产品，一种叫雪花粉，一种叫颗粒粉。

【雪花粉】

马铃薯雪花粉，某些文献中直译为马铃薯片，是一种似片状雪花的粉状产品。由于在加工中淀粉细胞结构较少（约 21%）受到破坏，产品的复水性好，特别适用于制作马铃薯泥、片、条等食品。目前，在我国的年产量约有 5 000t。

（一）工艺流程

马铃薯清洗去石除泥后，进行去皮及皮薯分离。将去皮薯块淋洗干净，进行修整切片，然后预煮，经冷却后再充分煮熟、捣成薯糊，用滚筒转鼓干燥烘干，再经粉碎包装，即得成品。

（二）操作技术要点

1. 选薯

选用无病虫害、未出芽和未受冻伤的薯块，其固体物含量要求在 20%以上，高者为佳。

2. 洗净

用人工洗净或流水线上通过马铃薯水环式清洗机将薯块洗净。

3. 去皮

马铃薯去皮的方法很多，常用的是机械去皮、蒸汽去皮和化学去皮。去皮后的马铃薯用清水喷淋清洗干净。注意防褐变，可采取的措施有：浸泡在盐水中或加亚硫酸盐等。

4. 切片

去皮后的马铃薯经运送修剪平台，由人工检查再次去除不合格的薯块。将合格薯块送入切片机。切片的厚度掌握在 8～12mm。切片过薄，会使成品风味受到损害，干物质损耗也会增加。为了防止切片间的淀粉粘连及氧化，应将切片送入淋洗机将其表面的淀粉冲洗干净。冲洗水的压力一般调至 0.38MPa 左右。

5.预煮与冷却

预煮是将淋洗干净的薯块切片，即时送入预煮锅中，在 71～74℃下煮 20～30min，用以灭酶护色。然后在 25℃的水中冷却，时间约 20min。为了防止后工序中马铃薯泥粘结，在预煮和冷却时，只希望加热把马铃薯细胞内直链淀粉溶解并彻底糊化，在冷却中老化成型(强化细胞壁)，而不要把细胞壁破损，所以要预煮适度。在冷却后用清水淋洗，把薯片表面的游离淀粉除去，避免脱水时发生薯片粘连或焦化。

6.蒸煮

预煮后的薯片进入螺旋蒸煮机、带式蒸煮机或隧道式蒸煮机中蒸煮。采用带式蒸煮机的蒸煮温度为 98～102℃，时间 15min。采用螺旋蒸煮器以 98～100℃的温度蒸煮 15～35min 为宜，使薯片充分熟化(α 化)。当用两指夹压切片时，不出现硬块以致完全呈粉碎状态时为合适。

蒸熟后的切片用 0.2%的亚硫酸盐液喷洒，起到护色漂白作用，利于贮存。为了防止酸败需要喷洒柠檬酸等抗毒剂。还要喷洒单甘油酯，防止淀粉颗粒粘结，单甘酯的添加量约为 0.8%。

7.捣碎

用旋转式粉碎机或搅拌机将蒸熟的薯片打浆成泥。要尽可能使游离淀粉率低于 1.5%～2%，以保护产品原有的风味和口感。采用搅拌机时，要注意搅拌浆叶的结构与造型以及转速。打浆后的马铃薯泥应吹冷风使之降温至 60～80℃。

8.干燥

将研细后的马铃薯稀糊送给单滚筒干燥机烘干。温度 150℃左右，20 秒钟即可将含水量 80%的马铃薯糊降低至 5%左右。

9.粉碎

干燥后的马铃薯薄片，用锤式粉碎机粉碎成鳞片(似细片状雪花)，但效果不太好，产品游离淀粉率较高。选用粉碎筛选机效果不错。否则,选用振动筛比用锤式粉碎好些。目的是为了获得一种具有合适组织及堆密度的产品。

【颗粒粉】

马铃薯颗粒粉(potato granules)是一种颗粒状、外观呈淡黄色的特殊细粉产品,它是脱水的单细胞或马铃薯细胞的聚合体。主要性状:比重0.75～0.85kg/L,颗粒大小<0.25mm,含水量5%,游离淀粉含量≤4%,完全纯正的马铃薯味,粉状膨松。由于特殊的加工工艺和要求,该产品在正常环境条件下保存期达2年。颗粒粉在某些食品加工中,具有不可替代的作用。主要用作快餐饮店的方便即食马铃薯泥,膨化休闲食品,复合马铃薯片,成型速冻马铃薯制品,固体汤料、面包及糕点食品添加剂,超级马铃薯条等的主要配料。该产品在许多欧美国家流行,营业额多的达10亿美元,我国也开始起步发展。

(一)生产工艺及设备

马铃薯颗粒粉的加工方法较多,以使用回填工艺的最为普遍。该工艺是在蒸煮捣碎的马铃薯泥中回填足量的、经一次干燥的马铃薯颗粒粉,使其成"潮湿混合物"经过一定的保温时间磨成细粉。生产马铃薯颗粒粉要尽量少使细胞破坏,具有良好的成粒性。因为细胞破坏后会增加很多游离淀粉,使产品发黏或呈面糊状,降低产品质量。

1. 回填法的工艺流程

如图9-2所示。

2. 主要设备

清洗机、去皮机、皮薯分离器、切片机、漂烫机、螺旋蒸煮机、调质机、气流提升干燥机、流化床干燥机、称重包装机等,其中,前处理设备与加工雪片粉相同,不相同的设备主要是干燥机。

(二)操作技术要点

原料处理、漂烫、蒸煮与捣碎工艺与加工雪花粉相同,仅将不同点分述于下。

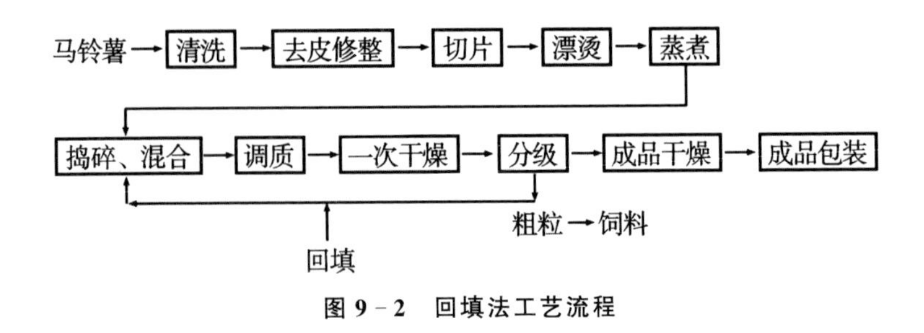

图 9-2 回填法工艺流程

1. 捣碎与回填混合

用捣碎机将蒸熟的薯片捣碎为泥糊状后，要与回填的马铃薯细粒进行混合，使其均匀一致。捣碎与混合时要尽量避免细胞被破坏，使成品中大部分是单细胞颗粒。回填的颗粒粉也应含有一定量的单细胞颗粒，以保证回填颗粒能够吸收更多的水分和回填质量。捣碎回填的混合物，通常采用保温静置方法，改进其成粒性，同时使混合物的含水量由45%降至35%。

2. 干燥

当产物第一次用干燥机烘干到含水量为12%～13%时，用60～80目筛子分级。大于60～80目的颗粒粉或筛下细粒均可作回填物料，另一部分筛下物，需进一步用流化床干燥机干燥至含水量6%左右。

3. 贮藏

经包装的马铃薯颗粒粉成品，在仓贮过程中，由于非酶褐变（美拉德反应）和氧化作用会引起变质。非酶褐变与产品中还原糖含量、水分含量及贮藏温度关系密切。贮藏温度每增加7～8℃，褐变速率根据其含水量可增加5～7倍，因此应降低贮温和产品的含水量。

（三）全粉的质量与应用

1. 质量指标

（1）感官指标。颜色为白色或乳白色片状粉末或颗粒状粉末，具有马铃薯特有的滋味和风味。

(2)理化指标。水分<5%;蛋白质>5%;碳水化合物60%~70%;粗纤维1.8g/100g;龙葵素(鲜薯)<20mg/100g;白度>70;游离淀粉率1.5%~2.0%;还原糖含量≤2%;全糖含量≤3%。

(3)微生物指标。细菌总数<1 000个/g;大肠杆菌群<30个/100g;致病菌不得检出。

2.应用

马铃薯全粉是食品深加工的基础。马铃薯全粉可作为添加剂使用,如焙烤面食中添加5%左右,可改善产品的品质,在某些食品中添加可增加粘度。另外,马铃薯全粉可作冲调马铃薯泥、马铃薯脆片等各种风味和各种营养强化的食品原料。

(1)80%全粉+20%奶粉制成"奶式马铃薯糊",具有牛奶香味外,还兼有马铃薯特殊风味,营养丰富。用80℃的热开水冲调时,体积增大3倍左右,是一种值得推广的方便食品。

(2)50%~70%全粉+50%~30%面粉制成的糕点,外观形状与面粉制成的糕点相同,其中葱油酥、奶式桃酥块形端正,大小厚薄一致,摊裂均匀,摊度为原生胚直径的130%~150%,表面色泽一致。内部组织为均匀小蜂窝,不含杂质、不青心、不欠火候、口味酥松适口,且有葱油或奶油香味,细嚼略带马铃薯香味。

(3)做月饼的浆皮馅,结构紧密着实,表面丰满、光润,能很好地保持馅中水溶性或油溶性物质,使之不向外渗透,馅心不干燥、不走油、不变味,贮存时间长,造型美观,品质松软适口,不沾牙。

(4)制作蛋糕中加入5%~10%的全粉,可使蛋糕表面不起黑泡,不塌脸,不崩顶,口感绵软滋润,富有弹性。利用马铃薯全粉制作的糕点存放期、保鲜期较同类面粉产品长。在温度8~15℃的条件下保存半月,全粉月饼和蛋糕与新鲜产品基本无差异。在同等条件下只用面粉制作的月饼和蛋糕已发硬,品质下降,食味与新鲜产品比较,差异较大。

二、马铃薯其他系列产品加工

(一)油炸马铃薯片

油炸马铃薯片加工是一种看似简单,但却是一项涵盖了生物、油脂化工、热工等多项高新技术的项目,加工设备如图 9-3 所示。

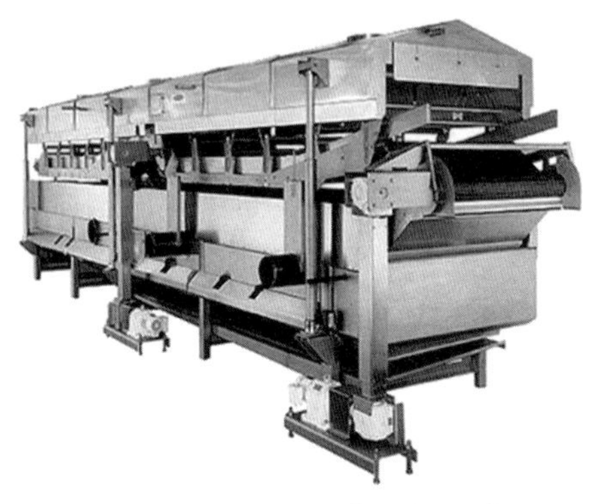

图 9-3　油炸马铃薯设备(油炸机)

油炸马铃薯片加工原料,主要是马铃薯全粉。

1. 工艺流程

马铃薯全粉→加入等量玉米粉混合→调粉→糊化→调味→冷却→老化→切片→干燥→油炸→脱油→包装→成品

2. 最佳工艺基本配方(质量分数)

鲜马铃薯泥 75%,玉米淀粉 15%,木薯粉 3%,食盐 1%,白糖 5%,味精 0.5%,辣椒粉 0.5%,棕榈油(油炸用,料油质量比为 1∶3)。

3. 操作技术要点

(1)调粉、糊化。以马铃薯泥作为半成品,加入等量的玉米粉混合,按设计配方,分别称取各种原料,混合均匀制成湿面团后放入蒸锅内进行糊化处理,温度为 58～65℃,时间为 20min,使面团充分糊化。

(2)调味、搓棒。待蒸熟的面团冷却后,将已称量好的味精、花椒粉、辣椒、葱粉或鲜葱末分别倒入面团中进行调味,制成麻辣味和葱味的湿坯,再进一步搓成直径 2～4cm 的棒状圆柱。调味操作也可在油炸脱油后进行。

(3)冷却处理。将面棒装入塑料袋中,密封后放入冰箱冷藏冷却,冷却条件为 4～6℃,时间为 5～11h,具体处理时间应依据面团大小和冷却速度而定。

(4)切片干燥。将充分老化的面棒切成1.5～2mm厚的薄片,放入干燥机内干燥,在45～50℃条件下,干燥4～5h,干坯内水分质量分数控制在4%～9%范围内。

(5)油炸。采用棕榈油在180～190℃条件下进行油炸,即为成品。

4.产品质量指标

色泽为浅黄色(麻辣味);口味具有香、酥、脆特点,有马铃薯特有的风味及调料味;组织形态为产品断面组织致密疏松状;形态为圆形片状,表面有波纹;理化指标为水分6%,过氧化值≤0.25%,脂肪≤20%,酸度(以柠檬酸计)≤1.8mg/g;微生物细菌总数≤1 000个/g,大肠菌群≤3.0个/g,致病菌不得检出。

(二)油炸马铃薯条

油炸马铃薯条的原料是马铃薯块茎。

1.加工工艺流程

马铃薯洗涤清理→去皮→切条→漂洗→预煮→冷却护色→着色→脱水→油炸→调味冷却→包装→入库或销售

2.操作要点

(1)原料选择。要获得外观漂亮的薯条,提高原材料的利用率,必须选择块茎形状、大小相对匀称,表皮薄,色泽一致,芽眼少,相对密度较大,淀粉和总固形物含量较高,糖分含量低,栽培土壤环境相对比较一致、符合加工要求的马铃薯。

(2)洗涤清理。把一定量的马铃薯倒入脱皮机中,用自来水洗涤。同时在脱皮机中放入数块粗沙砖,增大摩擦,旋转洗涤25～30min,洗去表皮泥沙,并脱去马铃薯1/3～2/3的表皮,清理泥沙及破损较大的薯块。

(3)去皮。捞起薯仔,剩下不能摩擦去掉的厚皮,烂皮、芽眼用刨皮刀人工去皮,表皮必须完全剔除干净,否则会影响油炸薯条的商品外观。

(4)切条。一般采用切片机半自动切条,切成长方体。薯条厚度根据块茎的采收季节、储藏时间、水分含量多少而定，刚采收的马铃薯块茎饱满，含水量高，薯条厚度宜掌握在6.4～6.6mm为宜；储藏时间长，水分蒸发多，块茎固形物含量高，薯条厚度以6～6.2mm为宜。

(5)漂洗。切好的薯条要在水池中用流动的清水漂洗表面附着的淀粉，防止预煮时淀粉糊化粘条，影响薯条外观。

(6)预煮。将洗净的薯条倒入沸水锅中热烫2min，并用木棒搅拌，使薯条受热均匀，煮至薯条熟而不烂，组织比较透明，失去鲜块茎的硬度。目的是破坏薯条中酶的活性，防止高温油炸时褐变，同时失去薯条组织内部分游离水，使其容易脱水。

(7)冷却护色。将预热煮好的薯条立即倒入冷水池中冷却，防止薯条组织进一步后熟软化破碎。同时为防止薯条高温时变褐或变红，需要加入适量的柠檬酸和焦亚硫酸钠进行漂白护色。这个冷却护色过程需要30～40min。

(8)着色。着色的目的是为了提高薯条的风味，增加薯条外观色泽，提高消费者的食欲。其方法是将护色后的薯条放在加有1%～2%食盐和少许色素(柠檬黄)的冷水池中再冷却浸泡20～25min，使盐味和色素渗透于整个薯条组织中。着色后油炸薯条咸淡适宜，外观美丽。

(9)脱水。将口味和色泽符合工艺要求的薯条从水池中捞起，再用编织袋装好倒入脱水机中脱去部分水分。因薯条表面含水量高，油炸时表面易起泡，泡内含油，即影响商品外观，也增大耗油量，薯条脱水越干越好。

(10)油炸。一般中小型加工厂均采用不锈钢油炸锅进行油炸，油炸锅大小不等，一般为：长×宽×高＝(100～120)cm×(50～55)cm×(50～60)cm，锅底用两个直径为18～20cm的油炉加热升温，效果很好(也可采用电炉加热)。用来油炸的油选用耐高温、不易挥发、不易变质的棕榈油，另外需要做1个长×宽×高为116cm×53cm×35cm的“丁”字形压条网，防止薯条水分炸干后浮在油表面而不能完全炸熟。实践证明,油温在210～220℃的条件下,油炸薯条的色泽均匀,表面含油量少,耗油低,外观质量好;如在210℃以下的较低温度油炸,薯条表面颜色深,表面含油多,影响产品质量,增加加工成本。

(11)调味冷却。油炸好的薯条在滴干表面油后,可调成麻辣、烧烤、番茄酱等各种口感的味粉,趁薯条余热均匀地洒在薯条表面,以满足不同消费者的口感。

(12)包装。薯条经调味冷却至常温后。根据不同的设计要求进行称重、分装,入库或销售。

(三)马铃薯饮料加工

马铃薯乳饮料是用新鲜马铃薯加工调配而成,它是以水为分散质,以蛋白质、脂类为分散相的宏观分散体系,呈乳状,既有蛋白质形成的悬浊液,又有脂肪形成的乳浊液,还有糖、盐等物质形成的真溶液,是一种复杂不稳定的体系(图9-4)。

1.材料

马铃薯、蔗糖、脱脂奶粉、蔗糖酯、黄原胶、羧甲基纤维素钠。

图9-4　马铃薯饮料加工设备

2.制作工艺流程

原料选择→清洗→去皮→切片→预煮(糊化)→调配→打浆→均质→灌装→杀菌→冷却→成品

(1)原料选择。选择无霉变、无虫蚀、无芽的新鲜马铃薯为原料。

(2)清洗、去皮。用自来水将马铃薯清洗干净后,用去皮刀将马铃薯的皮去除干净。

(3)切片。将去过皮的马铃薯切成薄片。

(4)预煮(糊化)。在马铃薯薄片中加入适量自来水,先在100℃下预煮15min,然后在90℃下糊化60min,主要目的是使β

淀粉转化为α淀粉,使产品能保持均匀稳定的状态。

(5)调配。准确称取一定量的蔗糖、脱脂奶粉、蔗糖酯、黄原胶、羧甲基纤维素钠,加入到马铃薯中并搅拌均匀,使之完全溶解。

(6)打浆。将混合好的料液倒入胶体磨中进行打浆,这样可以将稳定剂和乳化剂与其他料液充分混匀,提高产品的感官指标及稳定性。

(7)预热均质。将打浆过后的料液加热至70℃,用高速均质机在20～25MPa压力下均质2.5min,可提高产品口感及其稳定性,防止蛋白质沉淀,增加制品光泽度。

(8)灌装。将过滤好的马铃薯奶饮料,用玻璃饮料瓶进行灌装,并用压盖机压盖。

(9)杀菌、冷却。在压力100kPa、温度120℃条件下加压杀菌15～20min。杀菌结束后,分段冷却至室温。

3.最佳配方

水∶马铃薯=5∶1;蔗糖添加量6%、脱脂奶粉添加量0.35%、羧甲基纤维素钠添加量0.12%、黄原胶添加量0.12%、蔗糖酯添加量0.08%。按此配方,感官最佳、味道鲜美,而且具有较好的稳定性。

4.产品质量指标

色泽乳白色、马铃薯味和奶香适当、无酸败味和其他不良气味;型态均匀稳定、无分层、无沉淀、流动性好;制品中蛋白质含量≥3.22%、总含糖量≥7.10%、可溶性固形物含量≥6.57Bx、总固形物含量≥9.67%、大肠杆菌≤5个/100ml、细菌总数≤50个/100ml。没有发现其他致病菌。

(四)马铃薯黄酒加工

1.生产工艺流程

原料选择→预处理→配曲料→拌曲发酵→冷却降温→装瓶→灭菌→成品

2.操作要点

(1)原料选择。选择无霉变、无虫蚀、无芽的新鲜马铃薯为原料。

(2)预处理。用自来水将马铃薯清洗干净,用去皮刀将马铃薯的皮去除干净。然后入锅煮熟,出锅摊凉后倒入缸中,用木棒捣烂成泥糊状。

(3)配曲料。每100kg马铃薯生料用花椒、茴香各100g、对水20L,入锅旺火烧开,再用温火熬30～40min,出锅冷却后,过滤去渣。再向10kg碎麦曲中倒入冷水,搅拌均匀备用。

(4)拌曲发酵。将曲料液倒入马铃薯缸内,拌成均匀的细浆状,用塑料布封缸口,置于25℃左右的温度下发酵,隔天开缸搅拌1次。当浆内不断有气泡溢出,气泡散后则有清澈的酒液浮在浆上,飘出浓厚的酒香味,则证明发酵结束,可停止发酵。

(5)冷却。为防止产生酸败现象,应迅速将缸搬到冷藏室内或气温低的地方,使其骤然冷却,一般在5℃左右冷却效果较好,通常也可以用流动水冷却。

(6)装瓶灭菌。将酒浆冷却后,装入干净的布袋,压榨出酒液。然后用酒类过滤器过滤2遍,将酒装入瓶中,放入锅中水浴加热到60℃左右,灭菌5～7min,压盖密封。

(五)马铃薯白酒加工

1.生产工艺流程

原料→处理→蒸煮→培菌→发酵→蒸馏→白酒

2.操作要点

(1)原料选择和处理。选用无霉烂、无变质的马铃薯,用水洗净,除去杂质,用刀均匀地切成手指头大小的块。

(2)蒸煮、出锅。向铁锅中注入清水,加热至90℃左右,倒入马铃薯块,用木锨慢慢搅动,待马铃薯变色后,将锅内的水放尽,再闷15～20min出锅。马铃薯不需要蒸煮全熟,以略带硬心为宜。

(3)培菌。马铃薯出锅后,要摊凉,除去水分,待温度降至38℃后,加曲药搅拌。每100kg马铃薯用曲药0.5～0.6kg,分3次拌和,拌和完毕装入箱中,用消过毒的粗糠壳浮面(每100kg马铃薯约需10kg粗糠壳),再用玉米酒糟盖面(每100kg马铃薯约用50kg酒糟),培菌时间一般为24h,当用手掐料有清水渗出时,摊凉冷却。夏季冷却到15℃,冬季冷却到20℃,然后装入桶中。

(4)发酵。装桶后盖上塑料薄膜,再用粗糠壳密封,踏实。发酵时间为7～8天。

(5)蒸馏。通过蒸馏,将发酵成熟的醅料中的酒精、水、高级醇、酸类等有效成分蒸发成蒸汽,再经冷却即可得到白酒。

按照上述方法醇造的马铃薯酒,度数为56度左右,每100kg马铃薯可出酒10～15kg,出酒率为10%～15%。

(六)马铃薯食醋加工

1.配料和流程

(1)配料。100kg马铃薯、5kg高粱、50kg米糠、5kg曲。

(2)流程。选薯→清洗→蒸煮→捣碎→配料入瓮发酵→拌醋→熏醋→淋醋→产品。

2.操作要点

(1)选薯。将收获的马铃薯块茎,经挑选,将大薯及可作为商品的优质块茎以及留作食用的薯块拣出,把小薯块、烂瓣子薯块和不规则的劣质块茎用作加工食用醋。用这些劣质块茎加工食用醋是一条农村变废为宝的致富门路。

(2)清洗。把选择好准备加工食醋的薯块筛净泥土,用清水冲洗干净。

(3)煮熟。将清洗干净的马铃薯装入大口铁锅中加入水加热煮熟,一般从锅上见气开始,煮20～25min即可。

(4)捣碎。用木杆或木制的锤,将煮好的马铃薯捣碎烂,捣成豆粒状或泥状。

(5)入瓮加曲发酵。将捣碎的薯泥装入发酵瓮中,当装到离瓮口20cm时,用5kg高粱糁煮成糊状,掺入瓮中,再将发酵用的曲种5kg碾碎加入发酵瓮中,用木棒搅拌均匀,让其在25℃的室温下进行发酵。如果室内温度不足,可加盖保温棉被或其他覆盖物,一般发酵时间需14天。当瓮中冒气泡，嗅到有醋酸味时即发酵成功，便可开始拌醋。

(6)拌醋。准备60～80cm口径的大盆，将大瓷盆用清水清洗干净，在瓷盆中装入7～8kg的米糠或高粱壳，再把发好的马铃薯醋料拌入，用手搅拌，双掌对擦，揉擦细碎，擦匀擦到。擦拌后的醋坯大盆应放在热炕头，或放在25～30℃的室内，盆上要用棉被或其他保温物严密被盖。拌好的醋一定要每天搅拌，要做到拌匀、周到，拌好的醋坯到14天时，颜色变为红色，并有很香的醋酸味，能反复品尝出很浓的醋酸味，说明拌醋已经成熟。

(7)熏醋。在院子里垒一通风火，火上置一大缸，作为熏缸，将拌好成熟的醋坯装入熏缸中，熏制3～4h，把熏坯熏成酱红色时，便可以进行食用醋的淋制。

(8)淋醋。把熏好的醋坯装入下部有淋出口的瓷缸中，底部再置一接醋缸。淋醋缸的底下可以垫些过滤物，如豆秸之类的材料，然后将醋坯装好，用烧开的沸腾水加入淋缸中，反复进行醋液淋出，这样淋出的便为食用醋。一般100kg的马铃薯料加入100kg的水能淋出100kg的食用醋。当醋坯淋到由红变黄、色浅味淡，尝到寡而无味时，就可以停淋。淋毕醋的坯可以用来喂猪或牛。把各次淋出的醋均匀混和在一起，便可贮藏或上市销售。

(七)马铃薯渣制膳食纤维

1.工艺流程

马铃薯渣→除杂→淀粉酶解→酸解→碱解→功能化→漂白→冷冻→干燥→超微粉碎→成品→包装

2.最佳工艺要点

马铃薯渣制备膳食纤维，其主要工艺有α-淀粉酶解、酸解、碱解、功能化、漂白等工序。从实验结果看：在50～60℃，质量分数为3%的α-淀粉酶的活性最大；硫酸的浓度越大，水解的程度越大，但浓度增大，对设备腐蚀也大，且成本高，宜选6%～8%的质量分数，酸解时间为3h，温度控制在80℃左右；碱解质量分数

(Na_2CO_3),温度与时间分别为5%,60℃,2h;功能化的压力、蒸煮时间、骤冷时间分别在200kPa,2h,快速;漂白剂H_2O_2的质量分数为6%~8%,温度为45~60℃,时间10h。产品用去离子水洗涤,脱水,于80℃鼓风干燥箱干燥至恒重,最后粉碎成80~120目为最终产品。为了提高制品的纯度和质量,应采用生物和化学方法除去淀粉、脂肪和蛋白质,使纤维含量增加,具体做法是用α-淀粉酶解,酸解除去淀粉;用碱解除去脂肪和蛋白质;用现代高新技术蒸汽爆破法可使纤维功能化,具体做法是用水蒸汽爆破法使纤维的链与链之间氢链断裂,增加水溶性成分,且使酶失活。

3.质量指标

产品外观白色或浅黄色;持水力45mg/g;膨胀力20℃时,起始5mL,经4h,达到8mL;蛋白质1.2%,脂肪0.1%,淀粉未检出,灰分0.5%,水溶性纤维16.6%,总纤维76.8%;具有保健、抗癌功能。

(八)马铃薯其他制品加工

1.马铃薯饴糖

(1)麦芽准备。将六棱大麦清水中浸泡1~2h,水温保持20~25℃,当其含水量达45%时将水倒除。继而将膨胀后的大麦置于25℃室内让其发芽,并用喷壶给大麦洒水,每天2次,4天后当麦芽长到2cm以上时便可使用。

(2)制料。将马铃薯研细过滤,加入25%谷壳,然后把80%左右的清水洒在配好的原料上充分拌匀放置1h,分3次上蒸笼蒸料。第一次上料40%,等上气泡后加料30%,再上气泡时加上最后的30%,待大气蒸出起计时3h,把料蒸透。

(3)糖化。将蒸好的料放入木桶,并加入适量浸泡过麦芽的水,充分搅拌。当温度降至60℃时,加入制好的麦芽(占10%为宜)然后上下搅拌均匀,再倒入些麦芽水,待温度下降至54℃时,保温4h。温度下降后再加入65℃的温水100kg,继续让其保温,经过充分糖化后,把糖液滤出。

(4)熬制。将糖液置于锅内加温,经过熬制,浓度达到40波美度时，即可成为马铃薯饴糖。

2. 马铃薯果酱

马铃薯的主要成分是淀粉、水、少量蛋白质及脂肪。在制作果酱时，如添加适量人体可直接吸收的氨基酸，可使果酱的色、香、味以及蛋白质等营养成分胜过水果制成的果酱。

(1)配料。马铃薯 50kg、白砂糖 40kg、水 17kg、酸水 0.2kg、食用色素适量、食用香精 100mg 左右、粉末状柠檬酸约 0.16kg、营养剂适量。

(2)制作方法。先将马铃薯洗净，除去腐烂、出芽部分，然后削皮，放在蒸笼内蒸熟，出笼摊晾。再用擦筛擦成均匀的薯泥备用。将白砂糖、水与酸水(即醋房所用的酸水，是用少量稀米饭拌和麸皮放在缸中，倒缸一周，每天一次，滤下的酸水，作为醋引)放入锅内熬至 110℃时，将薯泥倒入锅内，并用铁铲不断翻动，边炒边压，直到薯泥全部压散，同时要防止锅底结巴。继续加热至 115℃时，将柠檬酸、色素加入，并控制其 pH 值为 3～3.2。此时由于温度过高需勤翻勤搅，防止结巴。用小火降温，到锅内物料至 90℃时，将水果食用香精和营养添加剂加于锅内，用铁铲搅匀后即可装瓶。

3. 马铃薯酸奶

(1)原料。新鲜马铃薯、鲜牛乳、蔗糖。

(2)设备和仪器。发酵罐、夹层锅、打浆机、均质机、灭菌锅、恒温培养箱、冰箱、电子天平。

(3)工艺流程。马铃薯→清洗→去皮→熟化→打浆(加入牛奶)→调配→预热→均质→杀菌→冷却→接种→发酵→冷却→搅拌→灌装→后熟→产品

(4)操作要点。①原料预处理：选择无霉、无虫蛀、无出芽、新鲜的马铃薯为原料，洗净、去皮并熟化。②打浆：将熟化好的马铃薯加牛乳和 60%的水打浆。③调配、预热、均质：将打浆好的物料加入牛乳，把稳定剂用1～3 倍的白砂糖混匀，加入到预热至 65℃

的打浆好的物料中，在 20MPa 的压力下进行均质。④杀菌、冷却：将均质好的物料加热到 90～95℃，保温 10min，冷却至 42～45℃。⑤菌种培养、分离：采用 MRS 培养基蛋白胨 1%、牛肉膏 1%、乳糖 1%、酵母浸膏 0.5%、葡萄糖 1%、柠檬酸铵 0.2%、乙酸钠 0.5%、$MgSO_4$ 0.01%、$MnSO_4$ 0.005%、K_2HPO_4 0.2%、Tween80 0.1%。马铃薯汁 10%，pH 值 6.2～6.5。从陕西科技大学生产的酸奶中分离保加利亚乳杆菌和嗜热链球菌，调节培养基 pH 值为 6.2～6.4 分离嗜热链球菌；调节培养基 pH 值为 7.2～7.4 分离保加利亚乳杆菌。分离方法为平板划线法。⑥菌种活化、驯化：用鲜牛乳经过杀菌、过滤等处理后，保持温度在 42℃左右，接种传代使菌种恢复活力；驯化是为了使牛乳中活化的乳酸菌能适应混合乳的培养。驯化过程是采用在牛乳中逐渐增加马铃薯浆。牛乳和马铃薯浆混合后，于 95℃杀菌 15min，冷藏备用。将保加利亚乳杆菌和嗜热链球菌，按 1∶1 的比例接到培养液内，置于 42℃恒温箱中培养，每隔 1h 观察一次培养状态，看培养液是否凝固，组织状态有无乳清析出，有无气泡，颜色变化等。如果培养液在 3～5h 内凝固均匀，无乳清析出或有微量析出，并且无气泡和异常颜色者，将其接到下一培养液中继续驯化。依次下去，直至乳酸菌适应复合的环境，将驯化好的菌种扩大培养作为发酵剂使用。⑦马铃薯汁的制备：将 500g 马铃薯洗净，加水打碎，煮 0.5h，过滤得到 500ml（若不足，加水补足）。⑧接种、发酵：加入 3% 的工作发酵剂，缓慢搅拌使菌种混合均匀，并迅速在 42℃发酵罐中发酵 4～5h，酸度至 70°～75°时，终止发酵。⑨冷却、搅拌：将发酵马铃薯酸奶冷却至 20℃以下，手动搅拌，开始用低速，以后用较快的速度。⑩灌装、后熟搅拌后的酸奶灌装、封口，在 0～5℃冷藏 22h，进行质量评定。

三、马铃薯副产物综合利用

1. 薯渣蛋白质饲料生产

选择适宜养殖业所需的最佳配合饲料配方，研制出可替代鱼粉、豆类及饼粕等的薯渣蛋白质饲料产品，作为含蛋白质较高的饲料被养殖户所接受。此项技术可解决如何采用较为经济的方法，解决薯渣水分含量高、烘干成本高、运输不方便等问题，通过技术措施，综合利用马铃薯淀粉加工副产物，使之产生一定的经济和社会效益，以及保护环境等问题，具有生态效益。

2.粉浆水的利用

马铃薯在生产淀粉的过程中会产生大量的粉浆水，而粉浆水中的COD值和BOD值的含量都比较高，可达1%～2%，同时还含有淀粉、蛋白质、糖类和其他可溶性物质。从淀粉厂的总体情况来看，多数工厂为季节性生产，废水排放相对集中，且排放量大，废水中的有机物质含量较高，这些问题增加了废水处理的难度，环境污染严重。随着国家不断加强对三废治理的力度，需要耗资少、见效快的废水处理工艺和设施投入到淀粉生产厂中来，逐步提高我国淀粉厂废水处理的综合水平，目前各国都非常重视。

第五节　马铃薯的采收、贮藏和运销

一、马铃薯的采收

(一)采收适期

马铃薯采收的最适时期是田间马铃薯植株大部分茎叶由绿转黄，达到枯萎，块茎与植株脱离而停止膨大之时，此时地下块茎已进入休眠期，是收获最佳时间。

收获应在霜冻到来以前，选晴天和土壤干爽时进行。收获时先将植株割掉，块茎深翻出土后，须在田间稍行晾晒，但不要在烈日下暴晒。

(二)采收后贮藏前的处理

(1)剔除不合格的块茎，如受病虫伤害及机械伤害的块茎要在田间就地剔除，并进行分级。

(2)在贮藏前先将块茎堆在通风的室内，堆高不得高于0.5m，宽不超过2m。同时要注意防雨、防日晒，要有草苫遮光，并设置通风管、沟（或将块茎堆中扦插秫秸把，或用竹片制成的通风管，或在薯块堆下面设通风沟）在10～20℃温度条件下经过14～30天（12℃:30天;15℃:20天;18～20℃:14天）堆放，使伤口愈合形成木栓层。期间要定期检查、倒动，降低薯堆中的温、湿度，并随时检出腐烂的薯块。

二、马铃薯的贮藏

（一）贮藏特性

马铃薯块茎收获以后具有明显的生理休眠期。休眠期一般为2～4个月。一般早熟品种休眠期长。薯块大小、成熟度不同休眠期也有差异。如薯块大小相同，成熟度低的休眠期长。另外，栽培地区不同也影响休眠期长短。贮藏过程中，温度是影响休眠期的重要因素，特别是贮藏初期的低温对延长休眠期十分有利。马铃薯在2℃以下会发生冷害。对专供加工煎制薯片或油炸薯条的晚熟马铃薯，应贮藏于10～13℃条件下。

贮藏马铃薯适宜的相对湿度为80%～85%，晚熟种应为90%。如果湿度过高，会缩短休眠期、增加腐烂；湿度过低会因失水而增加损耗。

贮藏马铃薯应避免阳光照射。光能促使萌芽，同时还会使薯块内的茄碱苷含量增加。正常薯块茄碱苷含量不超过0.02%，对人畜无害。若在阳光下或萌芽时，茄碱苷含量会急剧增加，如果误食对人畜均有毒害作用。

（二）贮藏方法

1.沟藏

贮藏沟深1～1.2m、宽1～1.5m，长度不限。薯块堆至距地面0.2m，上面覆土保温，以后随气温下降，分期覆土，覆土总厚度为0.8m左右。薯块不可堆得太高，否则沟底及中部温度会偏高，很容易腐烂。

2. 山体窖藏

(1)山体窖结构。山体窖建造要选择地势高燥，土质(黏性土壤)较好的地方建窖，选择偏北的阴坡。最好先进行开挖，然后用砖旋砌成窑洞形状。一般采用平窑，窑身不短于 30m。山体窖的最基本结构，由窑门、窑身、通风道和通风孔三部分组成。

一般设两道门，头道门要能关严，门上边留 50cm×40cm 的小气窗。门道宽 1.50m 左右，高 2.5～3m，两道门距 3m，构成缓冲间。门道向下倾斜，二道门为栅栏门；寒冷季节加设棉门帘。一般深度为 30～50m，宽 2.5～3m，高约 3m。窑身顶部由窑口向内缓慢降低，比降为 (0.50～1)：1 000，顶底平行。顶上土层隔热防寒，窑内设地槽。窖地面设有 2 道 20cm×30cm 通风地沟。风机设在窖门内侧，利用管道将风送到窖里，窖顶最高处留有通气孔，通风孔内径下部 1～1.50m，上部 0.80m～1.20m，高为身长的 1/2～1/3，砌出地面，底下开一控制排气量的活动天窗，下部安上排气扇加强通风。

(2)山体窖贮藏前准备。①在收获前 7～10 天，灭秧收获；②薯块在收获、运输和贮藏过程中，要尽量减少转运次数，避免机械损伤，以减少块茎损耗和病菌的侵染腐烂；③收获后的块茎要经过 15 天左右预贮；④入窖时挑去伤、烂、病、冻、虫蛀等薯块，数量以不超过薯窖容积的 2/3 为宜；⑤薯窖处理：在贮藏前 1～2 个月敞开窖门晾晒，贮前 2 周，用百菌清或硫磺等消毒剂对贮窖进行处理，1 周后通风换气。

(3)贮藏期管理。①前期管理(入窖至 11 月中旬)：以降温散热、通风换气为主，初期打开窖门和通气孔，自然通风或强制通风。当外界气温降到 0℃时，调节窖门的开度。②中期管理(12 月至翌年 3 月)：以防冻保温为主。当气温降到－8℃左右时关闭窖门，只开通气孔。当气温降到－12℃左右时，关闭通气孔，在晴朗暖和天气的中午，打开窖门和气孔通风约 20min 左右，每隔 2 周进行 1 次。③后期管理(3 月以后)：以降温换气为主，此期，不能随便打开窖门和气孔，以防热气进入，只可晚间和清晨通风。

3.保鲜库冷藏

马铃薯入库贮藏后，经过14～20天，将库温缓慢降温至贮藏温度4～6℃，库内采用0.04mm厚的聚乙烯薄膜保鲜袋或筐堆藏，贮藏期间开袋或翻筐一次，以提供适当氧气。

4.化学贮藏

南方夏秋季收获的马铃薯，由于缺乏适宜的贮藏条件，在其休眠期过后，就会萌芽。为抑制萌芽，可在休眠中期，采用α—萘乙酸甲酯（又称萘乙酸甲酯）处理。每10t薯块用药0.4～0.5kg，加入15～30kg细土制成粉剂，撒在薯堆中。还可用青鲜素（MH）抑制萌芽，用药浓度为3%～5%，应在适宜收获期前3～4周喷洒，如遇雨，应再重喷。

（三）贮藏要求

1.贮藏量

马铃薯堆放高度不得超过贮藏库（窖）高度的2/3，容量约占贮藏容积的60%～65%。

计算公式：$W=V\times(650\times0.65)$（W为贮藏量，V为贮藏库体积）。

按照马铃薯质量计算：650～750kg/m^3。

2.库房消毒

入库前，将保鲜库或窖清扫干净，按照5g/m^{3}二氧化硫熏蒸处理12h，通风备用。

3.温湿度

冷藏温度保持在4～6℃，湿度保持在85%～90%，避光贮藏。

4.贮间管理

贮藏期间要保证合理通风，使窖内空气保持新鲜。要定期抽样检测。

抽样方法：前期每30天定期抽样1次，3个月后每15天抽样1次，超过4个月，每7天抽样1次；抽样量为库存量的3%～5%，当不合格，适当增加抽样数量。

三、出库与运销

（一）出库

（1）根据市场信息及加工需要适时安排出库。

（2）根据检测情况安排出库，有下列情况之一者，必须及时出库：①发现马铃薯发芽及腐烂20%以上，CO_2 含量大于5%，O_2 小于2%时；②当发现马铃薯发青，经检测龙葵素含量超过15mg/100g，但未到20mg/100g时应及时出库（龙葵素含量超过7.5mg/100g、无发芽，可继续贮藏）。出库前要采用逐步升温处理，升温幅度5～10℃。

龙葵素检测方法：称取马铃薯鲜样20g，切碎，加入100ml溶剂，放入索氏提取器，在85℃回流3h，冷却、过滤、浓缩提取液至2ml左右，用5%硫酸溶解、过滤、冰浴。滤液用浓氨水在通风橱中调pH值10.5左右。放入4℃冰箱静置过夜。放入高速冷冻离心机4℃、10 000r/min离心10min，收集沉淀。用少量1%氨水冲洗沉淀，再离心，重复两次至洗涤液澄清，即得到龙葵素粗样。

将提取得到的龙葵素粗样用1%硫酸溶解，定容至5ml，于530nm下测定其吸光度。计算公式：

$$X=\rho\times V\times 100/m$$

式中：X 为样品中所含龙葵素的量，mg/100g；ρ 为测得结果相应的标准质量浓度，mg/ml；V 为样品提取之后定容的总体积，ml；m 为样品量，g。

（二）运销

1. 上市标准

薯块色正，无紫或绿色；块茎肥大充实、完整；无发芽、病虫害和机械伤；无受冻、腐烂，不脱水。

上市前要进行感官评估，按上、中、下及对角线抽样检查马铃薯有无发芽、腐烂、变质。有发芽、腐烂、变质，对发青的马铃薯要进行龙葵素检测，凡发芽、腐烂、变质。有发芽、腐烂、变质或龙葵素含量超过 20mg/100g 的，不得上市，要及时清除出仓库，并深埋销毁。

2. 上市前处理

对符合上市要求的马铃薯，可按品种类型、薯块大小、整齐程度以及规格质量进行分级包装。包装物可选用编织袋、纸袋、塑料袋以及筐、箱。

3. 运输与包装

短途运输可用汽车或中小型拖拉机及人力三轮车等工具，包装以筐装为主，也可散装；中长途运输以汽车、火车为运输工具，以麻袋或编织袋及筐、箱等包装。运输时要防高温、防潮、防冻，尽量避免机械损伤。

附录 1

MS 培养基的配制方法

一、培养基的成分

培养基的成分主要包括五大类。

(一)无机养分

包括大量元素(植物所需浓度大于 0.5mmol/L)、微量元素。大量元素主要有:氮、磷、钾、钙、镁、硫、碳及来源于水中的氢和氧;微量元素主要是:铁、锰、锌、铜、硼、碘、钼和钴等。

(二)有机养分

有机养分对生长、分化有促进作用。有机养分包括:

1. 维生素

V_{B_1}、V_{B_6}、烟酸(V_{B_3} 或 VPP)、泛酸钙(V_{B_5})等;

2. 肌醇(环已六醇)

具有促进活性物质发挥作用的效果,能使培养的组织快速生长(愈伤组织、胚状体、芽的生长和形成)。

3. 氨基酸

对外植体的芽、根、胚状体的生长、分化均有良好的促进作用。常用的氨基酸有甘氨酸、丙氨酸、谷氨酰胺、酪氨酸等。另外,还有一些天然有机物,如椰子乳(CM)、酵母提取液(YE)等。

(三)植物生长调节物质

1. 生长素

生长素的主要功能是促进细胞分裂,诱导根和愈伤组织的形成,促进细胞脱分化。常用的生长素有吲哚乙酸(IAA)、萘乙酸(NAA)、吲哚丁酸(IBA)、2,4 -二氯苯氧乙酸(2,4 - D)等。活性上2,4-D>NAA、IBA>IAA。

2.细胞分裂素

细胞分裂素的主要功能是促进细胞分裂,诱导芽的分化,促进侧芽萌发生长,抑制器官衰老,延缓叶片老化。常用的细胞分裂素有6-苄基氨基嘌呤(BA)、6-糠基腺嘌呤(KT)、2-异戊基腺嘌呤(2-ip)等。

3.生长调节物质

生长调节物质的功能主要起调节生长的作用,生长调节物质主要有赤霉素(GA_3)、脱落酸(ABA)、多效唑(PP333)等。

(四)碳源及介质功能载体

1.碳源

糖是组织培养中的重要碳源,它不仅提供给植物能量,而且也能维持一定的渗透压。常用的是蔗糖、葡萄糖、果糖、山梨糖介质功能载体。

2.介质功能载体

介质功能载体如纸桥、琼脂等,起中转桥梁作用。

(五)蒸馏水

二、常用培养基

(一)MS培养基

无机盐浓度高,尤其硝酸盐的含量大,具有高含量的氮和钾,同时还含有一定量的铵盐,营养丰富,是目前应用最广泛的一种培养基。

(二)B5培养基

铵盐含量较低,硝酸盐和盐酸硫胺素的含量较高,铵盐可能对一些培养物有抑制作用。

(三)N6培养基

较适合禾谷类作物和花粉、花药的培养。

(四)马铃薯茎尖培养与再生培养基

(1)分生组织诱导。MS+6-BA 1~2mg/L或者MS+6-

BA 1～2mg/L＋NAA 0.1mg/L，经试验，附加 CPPU(0.1～1mg/L)可明显提高茎尖培养成苗率。分化再生培养：M＋NAA 0.01mg/L 或者 MS 基本培养基。

(2)切段快繁。MS＋NAA 0.01～0.1mg/L 和 BA 1.0mg/L 的培养基。

三、母液配制和保存

一般将常用的基本培养基配制成 10～200 倍，甚至 1 000倍的浓缩贮备液——母液。基本培养基的母液有 4 种：大量元素、微量元素、铁盐、有机物质。配制好的母液要贮存于冰箱中。使用时，将其按照一定的比例进行稀释。其优点是：减少药量的误差，提高工作效率。

四、培养基配制程序

(1)根据母液倍数或浓度计算和吸取相应量的各种母液和生长调节物质；计算和称取琼脂和蔗糖。

(2)先将一定量的水(一般为准备配制培养基总量的 1/2 或 2/3)，放入容器中加热，同时加入琼脂，在加热过程中不断搅动，使之溶化。

(3)将按量取得的母液加入溶化的琼脂中，待充分溶解后加入蔗糖，当糖溶解后，再加水定容至所需体积。

(4)调整培养基的 pH 值，一般用 1mol/L HCL 或 1mol/L NaOH，调 pH 值 5.8～6.0。

五、培养基的灭菌和保存

将分装好的培养基封口后尽快进行高压蒸气灭菌。灭菌时压力表读数为 0.1～0.15MPa，在 121℃时保持 15～20min。

灭菌后的培养基一般要在常温下放置 3 天，若没有污染现象，说明灭菌可靠可以使用。暂时不用时最好放置于 10℃以下保存。一般应在 2 周内用完。

附录 2

茎尖脱毒培养操作流程及具体操作技术

一、材料选择与准备

根据实际需要，选择需要脱毒的马铃薯品种，材料可以是种薯催芽。对于种薯催芽，需要将种薯种植于花盆内，置于人工气候培养箱，15℃、光照培养；或者将种薯洗净、置于铺有湿润纱布的培养盒中，15℃、光照培养；催芽材料一般需要实验前 30～60 天提前开始。为减少实验材料污染率，种薯催芽催芽材料最好，污染率最低。

二、培养基配置

马铃薯茎尖分生组织培养常用的基本培养基为 MS(Murashige 和 Skoog)培养基，具体配方如下表。

表　马铃薯茎尖分生组织基本培养基配方

一、大量元素				
	mg/L	5 倍工作母液(10×)定容 1L(g)	工作母液(10×)定容 500ml	工作母液用量/L MS 培养基
KNO_3	1 900	95	取 200ml 5 倍工作母液定容 500ml	50ml
NH_4NO_3	1 650	82.5		
$MgSO_4 \cdot 7H_2O$	370	18.5		
KH_2PO_4	170	8.5		
$CaCl_2 \cdot 2H_2O$	440	22		
(无水 $CaCl_2$)	332	16.5		

续表

二、微量元素				
微量母液 1		50 倍工作母液(20×)定容 1L(g)	工作母液(20×)定容 500ml	
$MnSO_4 \cdot 4H_2O$	22.3	22.3	取 20ml	
$ZnSO_4 \cdot 7H_2O$	8.6	9.6		
H_3BO_3	6.2	6.2		
微量母液 2		100 倍工作母液(20×)定容 1L(g)		
$NaMoO_4 \cdot 2H_2O$	0.25	0.5	取 10ml	
KI	0.83	1.66		
$CuSO_4 \cdot 5H_2O$	0.025	0.05		
$CoCl_2 \cdot 6H_2O$	0.025	0.05		
三、铁盐				
		工作母液(50×)定容 500ml(g)		
$FeSO_4 \cdot 7H_2O$	27.8	1.39		10ml
Na_2EDTA	37.3	1.86		
四、有机物				
		工作母液(50×)定容 500ml(g)		
VB1 盐酸硫胺素	0.4	0.02		10ml
VB6 盐酸吡哆辛	0.5	0.025		
烟酸	0.5	0.025		
甘氨酸	2	0.1		
肌醇	100	5		

（一）配置方法

1. 大量元素母液的配置

将各种药品分别进行称量、加水充分溶解，因为 Ca^{2+}、SO_4^{2-} 等离子在一起可能会发生化学反应，形成沉淀；所以，各种药品依次混合；$CaCl_2$ 最后加入混合液，边加边搅拌，因为水中的 CO_2 等物质的存在会导致沉淀。配置母液的水必须是高纯度的蒸馏水或重蒸水。

2. 微量元素母液的配置

根据微量元素的用量，减少以后培养基配置的工作量，将微量元素母液的配置分为母液Ⅰ（10×）和母液Ⅱ（100×）；将各种药瓶分别称量并充分溶解后，依次混合。

3. 铁盐母液的配置

MS 培养基中的铁盐为硫酸亚铁和乙二胺四乙酸钠螯合物，所以将硫酸亚铁和乙二胺四乙酸钠分别用温水溶解，充分溶解后混合，呈金黄色溶液，充分搅拌（10～20min），螯合彻底，避免未螯合的硫酸亚铁结晶的析出，配置的铁盐溶液，待冷却至室温后，贮存于棕色试剂瓶中，再将其放入冰箱冷藏。

4. 肌醇母液的配置

称取适量铁盐加水充分溶解后、定容，冷藏。

5. 维生素母液配置

直接用蒸馏水分别溶解，然后混合，贮存于棕色试剂瓶中。

6. 植物生长调节剂母液的配置

生长素：IAA、NAA、2，4－D、IBA 等应先用少量 95％乙醇或无水乙醇充分溶解，或者用 1N 的 NaOH 溶解，然后用蒸馏水定容到一定的浓度。以后者效果好；细胞分裂素：KT、ZT 等，应先用少量 95％乙醇或无水乙醇加 3～4 滴 1mol/L 的盐酸溶解，或直接用 1mol/L HCl 溶解，再用蒸馏水定容；赤霉素：以 95％酒精或无水乙醇溶解；植物生长调节剂中 IAA、ZT、GA3 等不耐高温，需过滤灭菌；MS 培养基配置时需待培养基高温灭菌后冷却至 60℃左右时加入所有植物生长调节剂，母液最好保存于棕色试剂瓶中。

（二）马铃薯茎尖培养培养基的配置

1. 茎尖诱导培养基

MS+6-BA 1～2mg/L 或者 MS+6-BA 1～2mg/L+NAA 0.1mg/L

2. 分化培养基

M+NAA 0.01mg/L 或者 MS 基本培养基；

3. 快繁培养基

MS+NAA 0.01～0.1mg/L 和 6-BA 1.0mg/L。

（三）灭菌

灭菌仍然是一个重要的环节，严格掌握灭菌时间，时间太长，会导致糖炭化及培养基成分变质，失去营养价值；时间太短，灭菌不充分，易污染。

一般培养基配置好后，灭菌前用 1NHCL 或 1NNaOH 调 pH 值 5.8～6.0，然后加入琼脂或 Phytagel，加热，分装。灭菌 0.1～0.15MPa 压力下，121℃ 15～20min。对于灭菌水、操作器械、培养瓶、培养皿等可适当延长时间，最低 20min。

操作器械的灭菌也可以采用酒精灯灼烧灭菌，冷却后使用。操作空间及接种室可采用紫外灯灭菌，注意灭菌后通风换气。

三、取材及预处理

为便于剥尖时用镊子夹取，在田间取材时选取约 3cm 幼嫩茎尖（保证茎尖分生组织具有旺盛的活力，较强的细胞分裂能力），去除所有叶片，编号并用橡皮筋扎好。将从大田取回的茎尖用首先自来水加洗涤剂冲洗 2～3min（轻度去除附着于材料表面的污物），然后加吐温－80（最理想的表面活性物质，具有较强的除污能力，亦可在表面灭菌时加入灭菌溶液，提高灭菌效果）1～2ml 洗涤 2～3min，最后流动自来水冲洗 1～2min。

四、灭菌

常用灭菌剂很多，例酒精、氯化汞、次氯酸钙、次氯酸钠、过氧化氢、漂白粉等，灭菌效果最好的为氯化汞，根据取材的具体情况，灭菌时间通常为5～8min。将预处理的马铃薯茎尖装入100ml三角瓶(或100ml烧杯)中,先用70%乙醇浸泡30s,无菌水冲洗后;再用0.1%氯化汞,计时5～8min,期间需要摇荡,促进灭菌溶液和材料表面的接触,达到好的灭菌效果。然后,倒出用过的氯化汞溶液(供下次反复使用),加灭菌水冲洗3～4遍,不断摇荡,去除残余氯化汞,减少对分生组织的毒害。清洗完毕后,将茎尖去除置于培养皿中,去除多余水分。

五、剥尖与接种

将培养皿内茎尖置于解剖镜下左手用镊子夹取材料,右手拿解剖针(刀),对包埋茎尖分生组织的叶原基进行剥离,切取带1～2个叶原基的茎尖分生组织,切取时操作小心,尽量不要切到与茎尖分生组织相连的其他病毒浓度高的组织,将剥离的茎尖接种于诱导培养基中,(28±2)℃,光照时间是12～16h/天,光照强度2 000～3 000lx。

六、植株分化及株系分离

茎尖诱导培养基培养10～20天后,茎尖分生组织长到1～2cm时,接种于植株分化培养基。待植株再生后,每个再生植株为一个株系分别进行扩繁。为保持品种种性及株系的遗传多样性,再生株系越多越好,一般每品种应保证10个以上株系,当每一个株系繁殖有5株以上时,即可进行血清学检测(NCM-ELISA)。注意在未检测前,每切一个株系,需对镊子和剪刀(或解剖刀)进行一次灭菌,防治病毒交叉感染。在茎尖脱毒培养的前期进行血清学病毒检测优点是,可尽早汰除阳性株系,快繁无病毒株系,同时避免病毒交叉感染,提高试管脱毒苗繁殖效率。

七、脱毒试管苗快繁

在试管苗比较少时,切取试管苗植株为单节段,接种于快繁培养基;如果试管苗比较多,可切取再生植株中部节段腋芽进行繁殖。为保证脱毒株系的遗传多样性,一般选用每个株系切取1～2段进行继代保存。

附录 3

马铃薯生产技术规程
(宁波市地方标准)

DB 3302/T 100—2015

前言

本标准依据 GB/T 1.1—2009 给出的规则起草。

本标准代替 DB 3302/T 110—2012《无公害马铃薯生产技术规程》,与 DB 3302/T 110—2012 相比,除编辑性修改外,主要变化如下:

——标准名称改为《马铃薯生产技术规程》;

——调整了品种和病虫害防治的部分药剂(见 5,2012 年版 6)。

本标准由宁波市农业局提出。

本标准由宁波市农业标准化技术委员会归口。

本标准起草单位:宁海县农业技术推广总站、宁波市种植业管理总站、余姚市农业技术推广总站、象山县农业技术推广中心、奉化市农业技术服务总站。

本标准主要起草人:魏章焕、张庆、陆新苗、郑华章、余庚成、李方勇、范雪莲、胡宇峰。

本标准 2012 年 2 月首次,本次为第一次修订。

1 范围

本标准规定了马铃薯生产的产地要求、生产技术、病虫害防治、收获、贮存及生产档案等措施和要求。

本标准适用于宁波市马铃薯生产。

2 规范性引用文件

下列文件对于本文件的应用是必不可少的。凡是注日期的引用文件，仅所注日期的版本适用于本文件。凡是不注日期的引用文件，其最新版本(包括所有的修改单)适用于本文件。

GB 4285　农药安全使用标准

GB 4406　种薯

GB/T 8321(所有部分)　农药合理使用准则

NY/T 496　肥料合理使用准则　通则

NY/T 5024　无公害食品　马铃薯

NY/T 5222－2004　无公害食品　马铃薯生产技术规程

NY/T 5332－2006　无公害食品　大田作物产地环境条件

3 产地要求

选择地势高燥、排灌方便、土层深厚肥沃、土质结构疏松、中性或微酸性的沙壤土或壤土，并 3 年以上未重茬栽培马铃薯的地块。

4 生产技术

4.1 播种前准备

4.1.1 品种与种薯

应选用抗性强、产量高、品质好、适应当地栽培条件、商品性好的品种，如中薯 3 号、东农 303、本地小黄皮等。

4.1.2 种薯要求

种薯质量应符合 GB 4406 的要求。选择具有该品种特征，薯块大小均匀，无病斑和虫蛀，无冻伤破损的种薯；秋播马铃薯宜选用早熟品种。生产用种宜从高纬度或高海拔地区调种，也可利用当年收获的春马铃薯留种。

4.1.3 催芽

根据品种与播种期，如需催芽的可在播前 15～20 天，将种薯放于黑暗处，保持温度 15～20℃，相对湿度 75%～80%，待芽长 1cm 左右时，摊薄见光（散射光），炼芽待种。

4.1.4 切块

提倡小整薯（单个重 50g 以下）播种。大中薯可切块播种，切块大小以 30～50g 为宜，每一薯块至少带有 1～2 个芽眼，芽长均匀。薯块处理药剂为 70%甲基托布津 2kg 加 72%农用链霉素 1kg 与石膏粉 50kg 混拌均匀或用干燥草木灰，边切边蘸涂切口后播种。秋播因温湿度高，一般不宜切块。

4.1.5 整地作畦

深耕，耕作深度约 20～30cm。整地，使土壤颗粒大小合适。畦宽 100～180cm，沟宽 20～25cm，沟深 20～30cm。畦面中间稍高，达到泥细无杂草。

4.1.6 施基肥

按照 NY/T 496 的规定要求。根据土壤肥力，确定相应的施肥量和施肥方法。氮肥总用量的 70%以上和大部分磷、钾肥料可基施。播种前 5～10 天深翻，结合整地，每 667m^2 施充分腐熟有机肥 1 000～1 500kg，加硫酸钾型的三元复合肥（$N : P_2O_5 : K_2O = 15 : 15 : 15$）40～50kg。

4.2 播种

4.2.1 播种时间

春播马铃薯采用大棚栽培的，播种时间为 12 月上旬至下旬；采用小拱棚栽培的，播种时间为 1 月上中旬；采用地膜或露地栽培的，播种时间为 1 月底至 2 月中旬。山区可适当延迟。秋播马铃薯以日平均温度低于 25℃时播种为宜，平原地区一般为 8 月底至 9 月上旬，山区为 8 月下旬。播种宜选择阴天或晴天的傍晚进行，连阴雨天不宜播种。

4.2.2 播种方法

根据畦面宽度，按株行距 30cm×35cm 开沟或挖穴，沟（穴）深度 6～8cm，每 667m^2 植 4 500～6 000穴，用种量在 150kg 左右。播种时薯块芽眼朝上平放，不能碰掉种芽，播后每 667m^2 用 750～1 000kg 焦泥灰或细土覆盖，覆土厚度宜 1.5～2cm。地温低而含水量高的土壤宜浅播。

4.2.3 覆盖与破膜

春播马铃薯采用设施栽培的，播种后应及时覆膜保温，膜边用泥压紧压实。马铃薯出苗后，要及时破膜放苗，破口周围用细泥立即封好；大棚或小拱棚覆盖的，应根据膜内温度及时通风降温，防止烧烫苗。秋季马铃薯播后用遮阳网、稻草等覆盖，可达到降温效果，有利全苗壮苗。

4.3 田间管理

4.3.1 肥水管理

视苗情追肥，追肥宜早不宜晚。一般出苗后齐苗前，每 667m^2 可用尿素 2～3kg 加水 200～300kg 追肥一次。封行后，视苗情可根外追肥 1～2 次，须在露水干后进行。整个生长期，土壤含水量要求保持在 60%～80%。出苗前不宜灌溉，块茎形成和膨大期不能缺水，成熟期适当控水，浇水时忌大水漫灌，应结合培土及时清沟排水，做到田间无积水。

4.3.2 中耕除草

齐苗后及时中耕除草，封行前进行最后一次中耕除草。

4.3.3 培土

一般结合中耕除草培土 2 次，出苗后第一次浅培土，封垄前第二次深培土，防止产生青皮薯。

4.3.4 其他

4.3.4.1 防冻害

3 月“寒潮”及秋季早霜来临前，可撒施草木灰，或用杂草、薄膜等覆盖，待冷空气或霜冻过后及时揭除，然后视苗情进行根外追肥。

4.3.4.2 防徒长

对徒长趋势的田块,每 667m^2 用 5%烯效唑可湿性粉剂 15～20g 对水 50kg 茎叶喷雾,不漏喷重喷。

5 病虫害防治

5.1 主要病虫害

主要病害为晚疫病、早疫病、环腐病、疮痂病等。主要虫害为地老虎、蛴螬、金针虫、蚜虫等。

5.2 防治原则

贯彻"预防为主,综合防治"的植保方针,以农业防治为基础,辅以物理防治和生物防治,化学防治适时选用低毒低残留农药,做到经济、安全、有效地控制病虫害发生。

5.3 农业防治

针对主要病虫害,因地制宜选用抗(耐)病优良品种,选用不带病毒、病菌、虫卵的种薯。合理品种布局,实行轮作倒茬,水旱轮作。应用测土配方施肥,增施磷、钾肥,多施充分腐熟的有机肥。加强肥水管理,增强植株抗病力,促进植株健壮生长。合理密植,及时中耕除草、培土、清洁田园,降低病虫源数量。及时清除发病中心病株。

5.4 生物防治

采用细菌、病毒制剂及农用抗生素、性诱剂等进行防治,并积极保护利用天敌。

5.5 物理防治

设置杀虫灯、防虫网,采用避蚜膜等驱避、诱杀害虫。

5.6 化学防治

选择在马铃薯登记的农药进行病虫害防治,农药使用严格执行 GB 4285 和 GB/T 8321(所有部分)的规定。应对症下药,适期用药,合理轮换和混用农药,确保农药安全间隔期。

6 收获

根据生长情况与市场需求及时采收。一般在茎叶开始落黄时进行收获,也可根据市场行情提前或延后收获。秋播马铃薯可在霜冻来临前,用细土覆盖在畦面,随着温度的下降,覆盖土逐渐加厚 2cm 以上,时间延迟到春节后采收上市。

收获时应剔除病、烂、破、青皮薯,并按大、中、小进行分级包装。

7 贮存

7.1 种薯贮存

选择具有该品种特征,薯形整齐、色泽鲜明、大小均匀、没有病斑、虫害和损伤的健康薯块,剔除烂薯、病薯、破薯;放在阴凉通风干燥处,注意防冻及鼠害防治。

7.2 商品薯贮存

贮存时应按品种、规格分别贮存,不能与有毒物质混放;如长期贮存的应保持室温 1～3℃,相对湿度小于 85%,气流均匀流通。

8 生产档案

8.1 田间生产档案

建立田间生产记录档案,保存时间不少于 2 年。

8.2 投入品管理档案

生产投入品采购与贮存应建立相应的管理制度,建立登记台帐,保存相关票据、质保单、合同等文件资料。肥料、农药的采购应选择合格的供应商,产品标有合格证明。肥料、农药仓库应清洁、干燥、安全,有相应的标识,配备通风、防潮、防火、防爆、防虫和防止渗漏等设施,并分区域存放。危险品应有危险警告标识,有专人管理,并有进出库领用记录。

马铃薯主要病虫害防治药剂

病虫害名　称	通用名	含量及剂型	有效成分使用量或浓度	使用方法
早疫病、晚疫病	嘧菌酯	250g/L 悬浮剂	(56.25～75)g/hm^2	喷雾
	甲霜·锰锌	甲霜灵 10%、代森锰锌 48% 可湿性粉剂	(870～1 044)g/hm^2	喷雾
	氟啶胺	500g/L 悬浮剂	(150～250)g/hm^2	喷雾
	代森锰锌	80% 可湿性粉剂	(1 440～2 160)g/hm^2	喷雾
	代森锌	80% 可湿性粉剂	600～700 倍液	喷雾
环腐病	敌磺钠	70% 可溶粉剂	210g/100kg 种薯	拌种
	甲基硫菌灵	36% 悬浮剂	800 倍液	浸种
疮痂病	代森猛锌	80%　粉剂	500～600 倍液	喷雾
蛴螬、地老虎、金针虫	吡虫啉	600g/L 悬浮种衣剂	1∶120～200	拌种
蚜虫	高效氯氟氰菊酯	2.5%　水乳剂	(4.5～6.25)g/hm^2	喷雾
	噻虫嗪	70%　种子处理可分散粉剂	(7～28)g/100kg 种薯	种薯包衣或拌种
	氟啶虫酰胺	10% 水分散粒剂	(52.5～75)g/hm^2	喷雾

附录 A(资料性附录)　宁波市马铃薯生产模式图(略)

附录 4

中国、日本、欧盟农药限量使用列表

（单位：mg/kg）

序号	农药类型	我国限量标准	日本限量标准	欧盟限量标准
1	2,4 -滴和 2,4 -滴钠盐(2,4 - D 和 2,4 - D Na)	0.2(大白菜)	0.08	0.05
2	阿维菌素(abamectin)	0.05(结球甘蓝)	0.1	0.1
3	百草枯(paraquat)	0.05	0.05	0.02
4	百菌清(chlorothalonil)	5	2	0.01
5	倍硫磷(fenthion)	0.05	0.01	0.01
6	苯丁锡(fenbutatin oxide)	1(番茄)	0.05	0.05
7	苯醚甲环唑(difenoconazole)	0.2(大蒜)	0.2	0.01 *
8	苯线磷(fenamiphos)	0.02	0.1	0.02
9	吡虫啉(imidacloprid)	0.2(大白菜)	5	0.01 *
10	吡唑醚菌酯(pyraclostrobin)	0.02(马铃薯)	16	0.02
11	丙森锌(propineb)	5(大白菜)	0.01	0.05
12	丙溴磷(profenofos)	0.05(马铃薯)	0.05	0.05
13	草铵膦(glufosinate - ammonium)	0.5(番茄)	0.2	0.01
14	虫螨腈(chlorfenapyr)	0.5(黄瓜)	10	0.05

续表

序号	农药类型	我国限量标准	日　本 限量标准	欧　盟 限量标准
15	虫酰肼(tebufenozide)	1(结球甘蓝)	10	0.01 *
16	除虫脲(diflubenzuron)	1(普通白菜)	1	0.01 *
17	春雷霉素(kasugamycin)	0.05(番茄)	0.04	0.01 *
18	代森锰锌(mancozeb)	0.5(大白菜)	0.2	0.5
19	代森锌(zineb)	0.5(马铃薯)	0.2	0.5
20	稻丰散(phenthoate)	0.1(节瓜)	0.1	0.01 *
21	敌百虫(trichlorfon)	0.2	0.1	0.5
22	敌草快(diquat)	0.05(马铃薯)	0.05	0.05
23	敌敌畏(dichlorvos)	0.2	0.1	0.01
24	敌菌灵(anilazine)	10(番茄)	10	0.01 *
25	丁硫克百威(carbosulfan)	0.05(普通白菜)	1	0.05
26	丁醚脲(diafenthiuron)	2(结球甘蓝)	0.02	0.01 *
27	啶虫脒(acetamiprid)	0.5(结球甘蓝)	5	0.01
28	啶酰菌胺(boscalid)	5(黄瓜)	18	0.01 *
29	毒死蜱(chlorpyrifos)	0.05(芹菜)	1	0.05
30	对硫磷(parathion)	0.01	0.4	0.05
31	多菌灵(carbendazim)	0.1(芦笋)	3	0.1
32	多杀霉素(spinosad)	1(番茄)	2	0.01 *
33	噁霉灵(hymexazol)	0.5(黄瓜)	0.5	0.01 *
34	噁霜灵(oxadixyl)	5(黄瓜)	5	0.01 *
35	噁唑菌酮(famoxadone)	1(黄瓜)	0.02	0.02
36	二甲戊灵(pendimethalin)	0.1(莴苣)	0.05	0.05
37	二嗪磷(diazinon)	0.2(普通白菜)	0.2	0.01

续表

序号	农药类型	我国限量标准	日本限量标准	欧盟限量标准
38	二氰蒽醌(dithianon)	2(辣椒)	0.5	0.01*
39	伏杀硫磷(phosalone)	1(普通白菜)	0.5	1
40	氟苯脲(teflubenzuron)	0.5(普通白菜)	1	0.01*
41	氟虫腈(fipronil)	0.02(普通白菜)	0.05	0.01*
42	氟啶胺(fluazinam)	3(辣椒)	0.1	0.01*
43	氟啶脲(chlorfluazuron)	0.1(芜菁)	2	0.01*
44	氟菌唑(triflumizole)	0.2(黄瓜)	1	0.01*
45	氟铃脲(hexaflumuron)	0.5(结球甘蓝)	0.02	0.01*
46	氟氯氰菊酯和高效氟氯氰菊酯(cyfluthrin 和 beta - cyfluthrin)	0.1(花椰菜)	2	0.3
47	腐霉利(procymidone)	0.2(韭菜)	5	0.02
48	福美双(thiram)	5(番茄)	0.2	0.1
49	氟氰戊菊酯(flucythrinate)	0.05(马铃薯)	0.5	0.05
50	己唑醇(hexaconazole)	0.5(番茄)	0.02	0.02
51	甲氨基阿维菌素苯甲酸盐(emamectin benzoate)	0.02(番茄)	0.5	0.01*
52	甲胺磷(methamidophos)	0.05	3	0.01
53	甲拌磷(phorate)	0.01	0.3	0.05
54	甲基毒死蜱(chlorpyrifos - methyl)	0.1(结球甘蓝)	0.03	0.05
55	甲基对硫磷(parathion - methyl)	0.02	0.2	0.2

续表

序号	农药类型	我国限量标准	日本限量标准	欧盟限量标准
56	甲基硫菌灵(thiophanate - methyl)	0.5(芦笋)	3	0.1
57	甲萘威(carbaryl)	1	10	0.05
58	甲氰菊酯(fenpropathrin)	0.5(结球甘蓝)	3	0.01 *
59	甲霜灵和精甲霜灵(metalaxyl 和 metalaxyl - M)	0.05(马铃薯)	0.7	0.05
60	甲氧虫酰肼(methoxyfenozide)	2(结球甘蓝)	30	0.02
61	腈菌唑(myclobutanil)	1(黄瓜)	1	0.02
62	克百威(carbofuran)	0.02	0.5	0.02
63	克菌丹(captan)	5(黄瓜)	5	0.1
64	乐果(dimethoate)	0.2(韭菜)	1	0.02
65	联苯菊酯(bifenthrin)	0.2(结球甘蓝)	3.5	2
66	磷胺(phosphamidon)	0.05	0.2	0.01
67	硫丹(endosulfan)	0.05(马铃薯)	0.5	0.05
68	氯苯胺灵(chlorpropham)	30(马铃薯)	0.05	0.05
69	氯氟氰菊酯和高效氯氟氰菊酯(cyhalothrin 和 lambda - cyhalothrin)	0.2(番茄)	0.2	1
70	氯菊酯(permethrin)	1	3	0.05
71	氯氰菊酯和高效氯氰菊酯(cypermethrin 和 beta - cypermethrin)	0.2(黄瓜)	5	1

续表

序号	农药类型	我国限量标准	日本限量标准	欧盟限量标准
72	马拉硫磷(malathion)	0.2(黄瓜)	2	3
73	咪鲜胺和咪鲜胺锰盐(prochloraz 和 prochloraz - manganese chloride complex)	0.1(大蒜)	5	0.05
74	醚菌酯(kresoxim - methyl)	0.5(黄瓜)	30	0.05
75	嘧菌酯(azoxystrobin)	0.1(马铃薯)	40	3
76	嘧霉胺(pyrimethanil)	1(番茄)	0.05	0.05
77	灭多威(methomyl)	1(菜薹)	2	0.05
78	灭蝇胺(cyromazine)	0.5(菜豆)	10	0.05
79	氰霜唑(cyazofamid)	0.02(马铃薯)	15	0.01
80	氰戊菊酯和 S -氰戊菊酯(fenvalerate 和 esfenvalerate)	0.05(马铃薯)	1	0.02
81	炔螨特(propargite)	2(普通白菜)	3	0.01 *
82	噻虫啉(thiacloprid)	1(黄瓜)	1	1
83	噻虫嗪(thiamethoxam)	0.2(结球甘蓝)	5	0.01 *
84	噻唑磷(fosthiazate)	0.2(黄瓜)	0.1	0.02
85	三苯基氢氧化锡(fentin hydroxide)	0.1(马铃薯)		0.05
86	三环唑(tricyclazole)	2(菜薹)	0.02	0.01 *
87	三唑磷(triazophos)	0.1(结球甘蓝)	0.02	0.01
88	三唑酮(triadimefon)	0.05(结球甘蓝)	0.1	0.1

续表

序号	农药类型	我国限量标准	日 本 限量标准	欧 盟 限量标准
89	杀螟丹(cartap)	3(大白菜)	3	0.01 *
90	杀螟硫磷(fenitrothion)	0.5	0.5	0.01
91	双甲脒(amitraz)	0.5(番茄)	0.01	0.05
92	霜脲氰(cymoxanil)	0.5(马铃薯)	0.05	0.01 *
93	特丁硫磷(terbufos)	0.01	0.005	0.01 *
94	涕灭威(aldicarb)	0.03	0.05	0.02
95	威百亩(metam - sodium)	0.05(黄瓜)	0.5	0.01 *
96	五氯硝基苯(quintozene)	0.1(番茄)	0.02	0.02
97	烯酰吗啉(dimethomorph)	2(结球甘蓝)	0.02	0.01 *
98	辛硫磷(phoxim)	0.05	0.02	0.01 *
99	溴甲烷(methyl bromide)	5(薯类蔬菜)	0.01 *	0.05
100	溴氰菊酯(deltamethrin)	0.2(番茄)	0.5	0.5
101	亚胺硫磷(phosmet)	0.5(大白菜)	1	0.01 *
102	烟碱(nicotine)	0.2(结球甘蓝)	2	0.01 *
103	氧乐果(omethoate)	0.02	1	0.2
104	乙霉威(diethofencarb)	1(番茄)	5	0.01 *
105	乙烯菌核利(vinclozolin)	1(黄瓜)	1	0.05
106	乙烯利(ethephon)	2(番茄)	0.05	0.05
107	乙酰甲胺磷(acephate)	1	0.3	0.02
108	异丙甲草胺和精异丙甲草胺(metolachlor 和 s - metolachlor)	0.1(菜用大豆)	0.1	0.05
109	异菌脲(iprodione)	2(黄瓜)	5	10

续表

序号	农药类型	我国限量标准	日本限量标准	欧盟限量标准
110	印楝素(azadirachtin)	0.1(普通白菜)	豁免	0.01 *
111	茚虫威(indoxacarb)	2(普通白菜)	12	0.2
112	仲丁威(fenobucarb)	0.05(节瓜)	0.3	0.01 *
113	艾氏剂(aldrin)	0.05	0.1	0.01
114	滴滴涕(DDT)	0.05	0.5	0.05
115	狄氏剂(dieldrin)	0.05	0.1	0.001
116	毒杀芬(camphechlor)	0.05	0.01 *	0.1
117	六六六(HCB)	0.05	0.01	0.01
118	氯丹(chlordane)	0.02	0.02	0.01
119	七氯(heptachlor)	0.02	0.03	0.01
120	异狄氏剂(endrin)	0.05	0.01	0.01

备注:1. 欧盟限量标准中 * 表示的农药限量标准为:欧盟限量清单中没有提到的农药或在该作物上未制定限量的农药。欧盟将其默认限量值均设定为 0.01mg/kg[具体参见欧洲议会和理事会条例(EC)No396/2005 中的 Art 18(1b)]。

2. 日本农药限量标准中 * 表示的农药限量标准为:日本限量清单中没有提到的农药或在该作物上未制定限量的农药,根据日本肯定列表制度其限量值均设定为 0.01mg/kg。

3. 国内农药限量标准归纳原则:未明确雪菜和高菜中农药残留限量的参照已明确限量值蔬菜中最低的限量值。

主要参考文献

[1]佟屏亚,赵国磐.马铃薯史略[M].北京:中国农业科学技术出版社,1991.

[2]刘光明译自 Patato Genetics.马铃薯的起源,种和细胞学[A].农业科技情报(季刊),1997(2):12～34.

[3]陈伊里,屈冬玉.马铃薯种植与加工进展[M].哈尔滨:哈尔滨工程大学出版社,2008.

[4]孙茂林,毕虹.马铃薯产业科学[M].昆明:云南科学技术出版社,2006.

[5]屈冬玉.中国马铃薯产业十年回顾[M].北京:中国农业科学技术出版社,2010.

[6]陆国权,黄冲平,叶立杨,等.浙江省马铃薯生产和利用现状及其发展前景分析[J].马铃薯杂志,1998,12(2):105～107.

[7]谭宗九,丁明亚,李济宸.马铃薯高效栽培技术[M].北京:金盾出版社,2002.

[8]徐世鸿.马铃薯稻草覆盖免耕高效栽培技术[M].南宁:广西科学技术出版社,2008.

[9]赖凤香,林昌庭.马铃薯稻田免耕稻草全程覆盖栽培技术[M].北京:金盾出版社,2003.

[10]梁策,龚晓声.冬种马铃薯免耕栽培种植密度对比试验[J].现代农业科技,2009(12):27.

[11]张文彬.冬种马铃薯稻草全程覆盖试验及高产栽培技术[J].福建农业科技,2014(7):19～22.

[12]罗金旺,俞华昌.冬季稻田马铃薯免耕栽培技术[J].云南农业,2009(3):40.

[13]邓士元,张杰,李涛,等.秋马铃薯免耕栽培中需要注意的三个问题

[J].现代园艺,2009(7):59～60.

[14]王培伦.出口马铃薯安全生产技术[M].济南:山东科学技术出版社,2009.

[15]康勇.马铃薯优质高产栽培技术[M].兰州:读者出版集团,2006.

[16]郑州市农林蔬菜研究所.马铃薯[M].郑州:河南科学技术出版社,1981.

[17]靳福.马铃薯二季栽培技术[M].郑州:中原农民出版社,1996.

[18]中国科学院遗传研究所.怎样防止马铃薯退化[M].北京:科学出版社,1974.

[19]宋国安.马铃薯的营养价值及开发利用前景[J].河北工业科技,2004(4):55～58.

[20]李宝君.马铃薯的营养价值与药用价值[J].吉林蔬菜,2009(5):19.

[21]曲洪河.采取有力措施严防马铃薯品种混杂退化[J].种子世界,2010(7):11.

[22]Ю.р. ТРННКЛЕР.Ю. А.РУМЯцЕВ.马铃薯实生种的两个基本特性[J].马铃薯,1989,3(4):247～248.

[23]徐利群,卞春松.马铃薯实生种子和种薯[J].中国蔬菜,2000(6):54～55.

[24]王仕琨,陈伊里,王凤义.马铃薯实生种子利用的现状和对策[J].马铃薯,1995,9(4):244～246.

[25]于纪桢,姜兴亚.马铃薯实生种子育苗技术[J].马铃薯,1989,3(1):44～45.

[26]李润,曾莉,郭蓓蓓,等.浅谈马铃薯茎尖脱毒培养技术的研究进展[J].西昌农业科技,2013(2):14～16.

[27]李作栋.马铃薯脱毒苗生产技术[J].中国农业信息,2009(8):28.

[28]连勇.马铃薯脱毒种薯的生产技术[M].北京:中国农业科学技术出版社,2001.

[29]连勇,杨宏福,程天庆,等.马铃薯脱毒种薯生产及北京地区种繁育体系的建立[J].马铃薯,1994,4(4):242～246.

[30]蓝许祥.闽南双季稻—马铃薯高产高效栽培技术[J].福建稻麦科技,2012,30(1):19～20.

[31]张胜利,李彦军.早熟马铃薯大棚栽培技术[J].吉林蔬菜,2002

(2):12.

[32]皇甫庭,李彩霞,施立善.中原二季作区春地膜覆盖栽培马铃薯品种比较试验[J].蔬菜,2014(8):13～15.

[33]申海峰.马铃薯催芽的几种方法[J].现代农业科技,2008(3):59.

[34]辛东海.马铃薯种植过程中存在的问题及策略[J].中国农资,2013(48).

[35]孙敬华.马铃薯种植中出现不良现象的原因与预防[J].种子科技,2003(3):56～57.

[36]李宏斌.脱毒马铃薯微型种薯高山繁种栽培技术[J].中国马铃薯,2006,20(2):122～123.

[37]包闻书,徐永强,叶昌发.利用高山繁种解决马铃薯留种难题[J].马铃薯杂志,1996,10(1):47～48.

[38]商鸿生,王凤葵.马铃薯病虫害防治[M].北京:金盾出版社,2014.

[39]农业部办公厅.关于马铃薯机械化生产技术的指导意见[A].农村牧区机械化,2012(4):4.

[40]赵永德.从马铃薯机械化生产技术的发展谈农机农艺相融合[J].农业开发与装备,2013(8):72～73.

[41]王华,栾雪雁,李鹩鹏.马铃薯机械化生产技术[J].山东农机化,2013(3):46.

[42]杨文勇.马铃薯机械化生产技术探研[J].农机科技推广,2008(5):39.

[43]席迎,祁春梅,雷发林.马铃薯机械化生产技术要点[J].农业机械,2008(3):42.

[44]马玲陵.马铃薯机械化种植技法[J].湖南农机,2014(1):167.

[45]史明明,魏宏安,刘星,等.国内外马铃薯收获机械发展现状[J].农机化研究,2013(10):213～217.

[46]张仰猛,栾雪雁,王华.介绍几种马铃薯播种机械[A],农业知识:致富与农资,2014(2):34～36.

[47]刘全威,吴建民,王蒂,等.马铃薯播种机的研究现状及进展[J].农机化研究,2013(6):238～241.

[48]杜连启.马铃薯加工技术[M].北京:金盾出版社,2007.

[49]欧阳海洪.中国马铃薯加工业发展与展望[J].农产品加工,2013

(4):4～5.

[50]孙东升.中国马铃薯加工业现状和发展趋势[J].农业展望,2009,5(11):20～22.

[51]童丹.中国马铃薯加工及产业现状[J].青海农林科技,2013(1):40～43.

[52]王治平,李宝读,等.中国马铃薯加工业现状与展望[R].2005全国马铃薯产业学术年会,2005.

[53]陈颖,陈颖.快步发展我国马铃薯加工业[J].中国马铃薯,2003(1):48～51.

[54]杨红旗,王春萌.中国马铃薯产业制约因素及发展对策[J].种子,2011(5):100～102.

[55]宋国安.对我省马铃薯加工和利用的探讨[J].马铃薯,1991,3(9):178～181.

[56]刘文秀,李树君,彭鉴君,等.中国马铃薯加工业发展现状及创新思路[C].中国(昆明)第五届世界马铃薯大会文集,昆明:云南美术出版社,2004.

[57]何秀丽,谭兴和,熊兴耀,等.我国马铃薯休闲食品的发展现状及前景分析[J].现代食品科技,2005(3):169～170.

[58]谢建华.我国马铃薯生产现状及发展对策[J].中国农技推广,2007(5):4～7.

[59]谢开云,屈冬玉,金黎平,等.中国马铃薯生产与世界先进国家的比较较[J].世界农业,2008,(5):35～38.

[60]吴明华.马铃薯淀粉加工工艺原理及设备初探[J].科技创新导报,2011.

[61]徐如意.马铃薯淀粉简易加工法[J].中小企业科技。2004(6):25.

[62]孙庆芸.马铃铛薯全粉加工及其综合利用[J].中国农村科技,2002(8):43～43.

[63]划俊果,陈学武,畅天狮.马铃薯全粉加工技术简介[J].马铃薯杂志,1999,13(1):58～60.

[64]唐联坤.马铃薯全粉的加工技术与应用[J].青海科技,2000,7(4).

[65]张士泉.天然马铃薯全粉的制作和利用[J].贮藏加工,2009(5).

[66]张敏,马文,王明丽,等.新型马铃薯低酒度饮品的研制[J].东北农

业大学学报，1999，30(4)：400～403.

[67]编辑部特别报导."十二五"我国继续扶持马铃薯加工业[A].农业工程技术与农产品加工业，2012(8)：5～7.

[68]工业和信息化部、农业部.马铃薯加工业"十二五"发展规划[N].中国食品科技网，http://www.tech－food.com 2012－2－27

[69]潘湖生.油炸马铃薯加工技术要点[J].现代园艺，2008(6)：35～40.

[70]陈久平.马铃薯加工食醋的工艺操作[J].农业科技通讯，1998(3)：33.

[71]张庆.万元高效生态种养模式精选[M].北京：中国农业科学技术出版社，2007.

[72]张庆，陆惠斌，许开华.大西洋马铃薯品种特性及春秋两季高产栽培技术[J].作物杂志，2005(5)：52～54.